Spanlose Fertigung

von
Dieter Schuöcker

Oldenbourg Verlag München Wien

Bibliografische Information der Deutschen Nationalbibliothek

Die Deutsche Nationalbibliothek verzeichnet diese Publikation in der Deutschen
Nationalbibliografie; detaillierte bibliografische Daten sind im Internet
über <http://dnb.d-nb.de> abrufbar.

© 2007 Oldenbourg Wissenschaftsverlag GmbH
Rosenheimer Straße 145, D-81671 München
Telefon: (089) 45051-0
oldenbourg.de

Lektorat: Kathrin Mönch
Herstellung: Anna Grosser
Umschlagkonzeption: Kochan & Partner, München
Gedruckt auf säure- und chlorfreiem Papier
Gesamtherstellung; Druckhaus „Thomas Müntzer" GmbH, Bad Langensalza

ISBN   3-486-58022-1
ISBN 978-3-486-58022-8

Vorwort

Das vorliegende Lehrbuch ist der „Spanlosen Fertigung" gewidmet – ein Begriff, der noch einer näheren Definition bedarf, da er im deutschen Sprachgebrauch eher unüblich ist und ins Englische überhaupt nicht übersetzt werden kann:

Zunächst kommt dieser Begriff durch die Abgrenzung zu spanenden Fertigungsverfahren zustande und umfasst daher alle Fertigungsvorgänge, bei denen Material nicht in Form von mehr oder minder großen, festen Rückständen – also Spänen – abgetragen wird. Dementsprechend handelt es sich bei der spanlosen Fertigung um ein sehr vielfältiges Gebiet, das nach der Definition des Autors dieses Buches alle Fertigungsvorgänge umfasst, bei denen die gewünschte Form des Werkstücks entweder durch die Entfernung von Material, aber nicht in fester Form wie bei der spanenden Fertigung, sondern in flüssiger oder dampfförmiger Form, hergestellt wird. Weiterhin umfasst die spanlose Fertigung Verfahren, bei denen das Werkstück durch Zufuhr von Material zum Rohling zustande kommt, und schließlich auch Fertigungsvorgänge, bei denen die Gestalt des Werkstücks ohne Masseänderung erzeugt wird.

Beispiele für diese drei Kategorien von spanlosen Bearbeitungsvorgängen sind das Abtragen durch Funkenerosion und beim Laserschneiden, das Generieren ganzer Werkstücke durch Niederschmelzen pulverförmigen Materials, das Schweißen und das Umformen in der Blechbearbeitung, wie Biegen und Tiefziehen.

Selbstverständlich werden die erwähnten Beispiele für spanlose Bearbeitungsverfahren auch durch verwandte Verfahren wie Lichtbogen- und Plasmaschweißen und zahlreiche weitere Laserprozesse wie insbesondere Laserhybridverfahren, bei denen konventionelle Verfahren mit Laserenergie kombiniert werden, ergänzt. Damit wird dem Leser ein Überblick über einen Großteil der Verfahren der spanlosen Fertigung gegeben. Die beispielhaft angeführten Bearbeitungsvorgänge werden in fast allen Metall verarbeitenden Betrieben angewandt, so dass ihre Kenntnis für Studierende, die später in Gewerbe und Industrie als Fertigungstechniker arbeiten wollen, unabdingbar ist.

Alle diese Bearbeitungsverfahren verwenden elektrische Energie, Lichtenergie und mechanische Energie, woraus sich die grundsätzliche Struktur dieses Buchs mit den Hauptkapiteln „Elektrische Bearbeitungsverfahren", „Lasertechnik" und „Umformtechnik" ergibt. Um jedoch die elektrischen und die optischen Verfahren verstehen zu können, werden Grundlagen benötigt, die anders als bei der Umformtechnik vielen Studierenden etwa des Maschinenbaus nur wenig vertraut sind. Aus diesem Grund werden in einem ersten Kapitel zunächst die wesentlichen Eigenschaften des Lichtes, der Elektronen, Atome und Moleküle sowie des Plasmas behandelt. Der gedachten Leserschaft des Buches entsprechend wurden auch für

Nichtphysiker verständliche Beschreibungen gewählt, bei denen einfachen Plausibilitätsbetrachtungen großer Raum eingeräumt wurde. Ein Beispiel für eine derartige Plausibilitätserklärung ist ein sehr einfaches Modell der stimulierten Emission, die die Licht-Verstärkung und -Erzeugung in Lasern ermöglicht und exakt nur in sehr aufwendiger Weise mit den Methoden der theoretischen Physik erklärt werden kann. Diese Plausibilitätserklärung erlaubt trotz ihrer Einfachheit alle wesentlichen Eigenschaften dieses für den Laser grundlegenden Phänomens zu verstehen.

Da dieses Lehrbuch nicht nur über die wichtigsten Verfahren der spanlosen Fertigung informieren, sondern auch deren praktische Anwendung ermöglichen soll, werden auch einfache Zusammenhänge zwischen den Prozessparametern und den Bearbeitungsergebnissen, wie Geschwindigkeit und Qualität abgeleitet und typische Zahlenwerte für ausgewählte Materialien angegeben. Ein Beispiel dafür ist etwa die Berechnung der Schneidgeschwindigkeit in Abhängigkeit von Laserstrahlleistung, Werkstückdicke und Materialkonstanten.

Wien   Dieter Schuöcker

Inhalt

1 Physikalische Grundlagen

1.1 Licht-Strahlen, -Wellen und -Quanten

1.1.1 Geometrische Optik

Licht breitet sich beim Durchgang durch Vakuum, Luft und durchsichtige Materialien geradlinig aus (wie etwa Sonnenlicht, das durch ein Loch in der Wolkendecke scheint) und wird nur an Grenzflächen zu verschiedenen Medien gebrochen und reflektiert.

Mit dem „Brechungsindex"

$$n = \sqrt{\varepsilon_R} \tag{1}$$

(ε_R ... relative Dielektrizitätskonstante des vom Licht durchlaufenen Mediums) gilt das Brechungsgesetz für die Grenzfläche zwischen Medium 1 und 2 und dem Einfallswinkel α_1 und dem Austrittswinkel α_2, beide gemessen zwischen dem Strahl und einer Senkrechten auf die Grenzfläche:

$$\sin \alpha_1 / \sin \alpha_2 = n_2 / n_1 \tag{2}$$

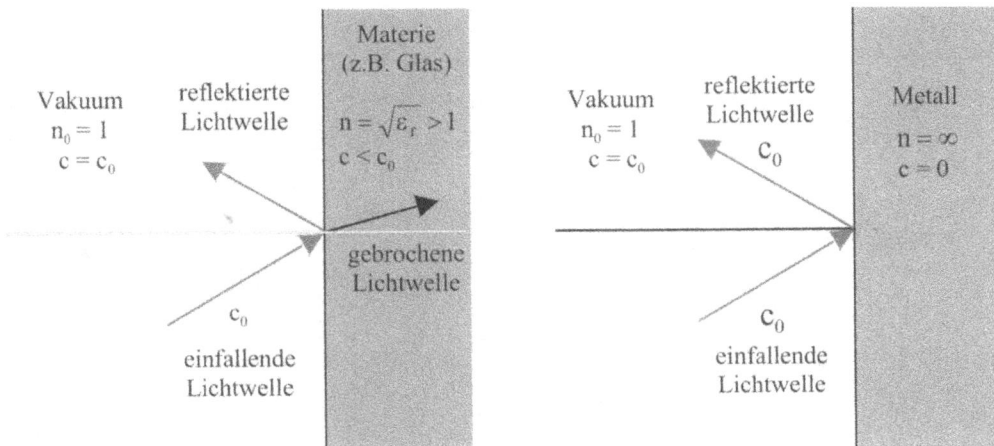

Abb. 1.1.1.: Brechung und Reflexion

Bei der Reflexion gilt das Reflexionsgesetz für den einfallenden (α_1) und den reflektierten Strahl ($\alpha_{1'}$):

$$\alpha_1 = \alpha'_1 \tag{3}$$

Mit (2) und (3) können die optischen Bauteile, aus denen Brillen, Ferngläser und Mikroskope zusammengesetzt sind, beschrieben werden.

Typische Zahlenwerte sind $n = 1$ für Vakuum, $n = 1.0003$ für Luft und $n = 1.515...$ für Glas (bei $\lambda = 0.589$ μm). Der Brechnungsindex hängt von der Farbe des Lichts ab (Beobachtung: Zerlegung von weißem Licht in alle Farben bei der Brechung).

1.1.2   Wellenoptik

Ein oszillierender elektrischer Dipol oder eine negative Punktladung, die um eine positive Punktladung rotiert, erzeugt ein oszillierendes elektrisches Feld in Achsenrichtung des Dipols und ein oszillierendes magnetisches Feld senkrecht dazu rund um die Achse des Dipols. Gemäß dem Induktionsgesetz erzeugt dieses Magnetfeld in seiner Umgebung wiederum ein elektrisches Feld, und dieses wiederum ein Magnetfeld, womit sich diese Felder in weitere Bereiche des Raums in größerer Entfernung vom Dipol mit einer gewissen Zeitverzögerung ausbreiten.

Betrachtet man nun etwa das elektrische Feld an einer bestimmten Stelle, so oszilliert dieses mit der Frequenz f (Kreisfrequenz $\omega = 2\pi f$). Während einer vollen Oszillation des Feldes in der Zeit $1/f$ breitet es sich etwa in x-Richtung mit der Geschwindigkeit c entlang einer Strecke

$$\lambda = c/f, \qquad f = 1/T \tag{4}$$

aus (Abb. 1.1.2.).

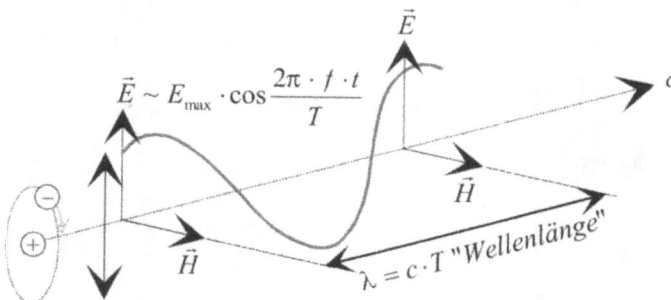

Abb. 1.1.2.: Elektromagnetische Welle

Liegt beispielsweise an der Stelle x zum Zeitpunkt t das Maximum der elektrischen Feldstärke vor, so wandert dieses während der Zeit $1/f$ zur Stelle $x + \lambda$, wobei zum Zeitpunkt $t + 1/f$ an der Stelle x bereits das nächste Maximum vorliegt. Damit zeigt eine Momentaufnahme der räumlichen Feldstärkenverteilung zum Zeitpunkt $t + 1/f$ eine Welle mit einem Maximum an der Stelle x und dem nächsten Maximum an der Stelle $x + \lambda$ mit dem Abstand λ, der daher als „Wellenlänge" bezeichnet wird. Das menschliche Auge registriert nun einen Wellenlängenbereich von rund 0,3 µm bis 0,65 µm als Licht.

Bei der Erzeugung der Lichtwelle durch einen Dipol mit sehr geringen Abmessungen breitet sich die Welle von diesem ausgehend in alle Richtungen aus (siehe Abb. 1.1.3.). Dabei liegen alle Maxima der elektrischen Feldstärke, die – wie oben beschrieben – von einem Maximum in unmittelbarer Nähe des Dipols ausgehen, auf Kugeln in einem Abstand, der – wie man sich leicht überzeugen kann – durch die Wellenlänge bestimmt wird. Man bezeichnet eine derartige von einer praktisch punktförmigen Quelle ausgehende Lichtwelle als „Kugelwelle".

Sind aber eine große Zahl lichtemittierender Quellen gleichmäßig auf einer unendlich großen ebenen Fläche verteilt und schwingen alle Dipole gleich stark und erreichen die von ihnen abgegebenen Wellenfelder zur selben Zeit ihr Maximum, so liegen alle von einem Maximum der Feldstärke an den Dipolen durch Ausbreitung in den Raum erzeugten Maxima auf Ebenen, deren Abstand wieder die Wellenlänge ist. Man spricht hier von einer so genannten „ebenen Welle". Kugelwelle und ebene Welle stellen nur Grenzfälle einer durch eine Lichtquelle mit endlichen Abmessungen erzeugten Welle dar, wobei diese in sehr weiter Entfernung wie eine Punktquelle wirkt und dort daher den Charakter der Kugelwelle annimmt, während sie in sehr kleiner Entfernung von der Lichtquelle unendlich groß erscheint und das von ihr erzeugte Wellenfeld den Charakter einer ebenen Welle annimmt. Die Flächen, auf denen alle von einem Maximum der Lichtquelle stammenden Maxima liegen, werden Wellenfronten genannt. Da sie sowohl bei der Kugel wie bei der ebenen Welle senkrecht zur Ausbreitungsrichtung stehen, kann angenommen werden, dass dies auch für Wellen, die von

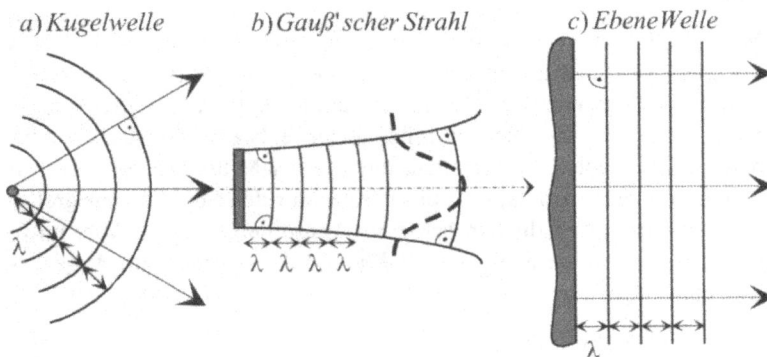

Abb. 1.1.3.: Wellenausbreitung

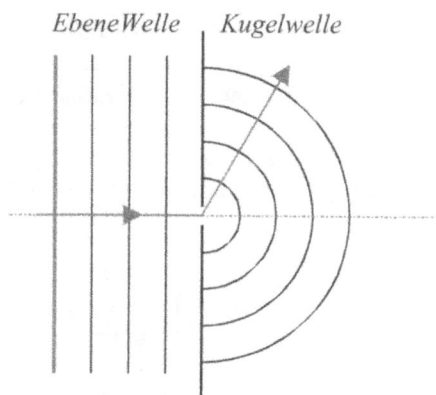

Abb. 1.1.4.: Beugung einer ebenen Welle

Quellen mit endlicher Ausdehnung erzeugt werden, und daher ganz allgemein gilt (siehe auch Abb. 1.1.3.).

Trifft eine Lichtwelle irgendeinen Punkt im Raum, so emittiert dieser Punkt seinerseits Licht in alle Richtungen (Huygens'sches Prinzip). Damit lässt sich auch erklären, dass das Licht einer ebenen Welle durch ein kleines Loch in einem sonst undurchsichtigen Schirm durchtritt (siehe Abb. 1.1.4.) und auf der anderen Seite eine Kugelwelle erzeugt, sodass alle Bereiche hinter dem Schirm von Licht getroffen werden. Durch diesen Effekt werden also die zunächst senkrecht zum Schirm verlaufenden Lichtstrahlen „gebeugt".

Treffen nun zwei Lichtwellen gleicher Wellenlänge auf einen Punkt und erreicht die elektrische Feldstärke der ersten Welle dort immer dann ihr Maximum, wenn die Feldstärke der zweiten Welle ihr Minimum (negatives Maximum) einnimmt (Abb. 1.1.5.), und weisen die Feldstärken beider Wellen in die gleiche Richtung (gleiche „Polarisation"), so addieren sich die beiden Feldstärken zu Null und die Lichtwelle wird an dieser Stelle ausgelöscht, was als „destruktive Interferenz" bezeichnet wird. Umgekehrt tritt „konstruktive Interferenz" auf, wenn beide Wellen zur gleichen Zeit das Maximum ihrer Feldstärke erreichen.

Beleuchtet nun eine ebene Welle einen schmalen Spalt auf einem sonst undurchsichtigen Schirm (siehe Abb. 1.1.6.), so tritt insbesondere an den Rändern des Spalts Beugung auf, sodass von jedem Punkt des Spalts gemäß dem Huygens'schen Prinzip Kugelwellen ausgehen. Diese verschiedenen Kugelwellen interferieren miteinander, entweder konstruktiv oder destruktiv. Betrachtet man beispielsweise zwei Wellen, die von der Mitte und vom unteren Rand des Spalts ausgehen, und nimmt man an, dass ein Beobachter den Spalt in sehr großer Entfernung aus einer Richtung betrachtet, die zur Achse der Anordnung – wie in Abb. 1.1.6. gezeigt – im Winkel α_1 geneigt ist, so werden beide Wellen auf der Netzhaut im Auge des Beobachters praktisch denselben Punkt erreichen.

Gilt nun für den Winkel α_1 (a ... Spaltbreite):

$$\sin \alpha_1 = (\lambda/2)/(a/2) \qquad\qquad (5)$$

Interferenz

konstruktive: *destruktive:*

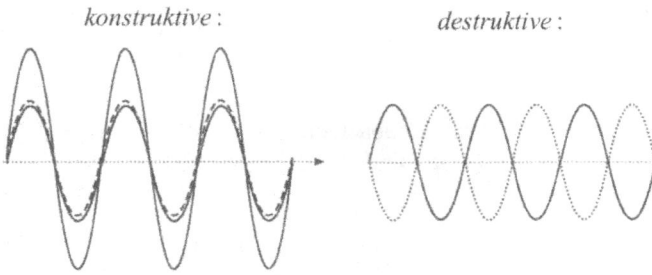

Abb. 1.1.5.: Konstruktive und destruktive Interferenz

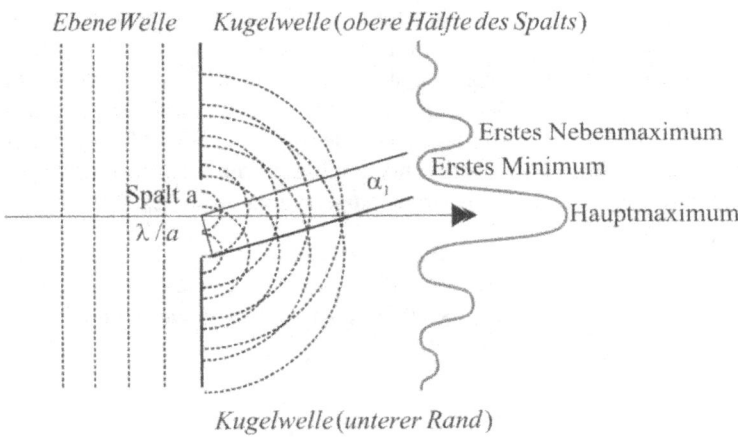

EbeneWelle   *Kugelwelle (obere Hälfte des Spalts)*

Erstes Nebenmaximum

Erstes Minimum

Spalt a

λ / a α_1

Hauptmaximum

Kugelwelle (unterer Rand)

Winkel des ersten Knotenpunktes:

$$\alpha_1 \,\hat{=}\, \sin\alpha_1 \,\hat{=}\, \frac{(\lambda/2)}{(a/2)} = \lambda/a$$

Abb. 1.1.6.: Beugung am Spalt – Theorie

so wird beim Beobachter Auslöschung zu Stande kommen, weil beide Wellen einen Weg-längenunterschied von ½ Wellenlänge aufweisen. Dies bedeutet, dass die beiden Maxima der Welle in der Mitte des Spaltes und am unteren Rand des Spaltes in der Ebene senkrecht zur Richtung α_1 ein Maximum und ein Minimum erzeugen, was dazu führt, dass auch beim Beobachter im selben Punkt ein Maximum und ein Minimum und damit Auslöschung zu Stande kommen. Denn die von den beiden Wellen zurückgelegten Distanzen sind ab der erwähnten senkrechten Ebene gleich groß und daher verändert sich die relative Lage der Maxima und Minima der beiden Wellen zueinander nicht mehr, bis der Beobachter erreicht wird.

In ähnlicher Weise führen die beiden Wellen, die von der Mitte des Spalts und dem unteren Rand ausgehen, in der Richtung α_2

$$\sin \alpha_2 = \lambda/(a/2) \qquad\qquad (6)$$

zu konstruktiver Interferenz oder Verstärkung beim Beobachter, womit dort schließlich für steigenden Winkel α eine Aufeinanderfolge von hell und dunkel beobachtet werden kann (siehe Abb. 1.1.7.).

Eine genauere Beschreibung dieses Experiments zeigt zudem, dass in der Achse, also für den Winkel $\alpha = 0$, die größte Helligkeit zu Stande kommt, die oben und unten von Helligkeitsminima flankiert wird. Auf diese Minima folgen dann kleinere Nebenmaxima – eine Struktur, die sich periodisch nach oben und nach unten fortsetzt. Die durch Beugen und Interferenz entstehenden Phänomene kann man natürlich nur dann beobachten, wenn die Spaltbreite nicht viel größer als die Wellenlänge ist. In einem derartigen Fall sieht dann ein Beobachter praktisch ein Hauptbild des Spalts, das von schwächeren Nebenbildern flankiert wird. Dieses Phänomen kann einerseits zum Nachweis des Wellencharakters des Lichts und andererseits auch zur Bestimmung seiner Wellenlänge verwendet werden, weil die Richtungen, unter denen die Minima und Maxima auftreten, ja von der Wellenlänge abhängen. Darüber hinaus erlaubt es das Verständnis des Experiments aber auch, die wichtigsten Eigenschaften von Laserstrahlen ohne aufwändige rechnerische Analysen zu verstehen.

Wendet man die Wellenbeschreibung des Lichts auf das Phänomen der Brechung an, so kommt man zum Brechungsgesetz, wenn man annimmt, dass die Lichtgeschwindigkeit gleich einer Vakuumlichtgeschwindigkeit $c_0 = 3 \times 10^8$ m/s ist und sich beim Durchgang durch ein Medium mit dem Brechungsindex n auf $c = c_0/n$ verringert.

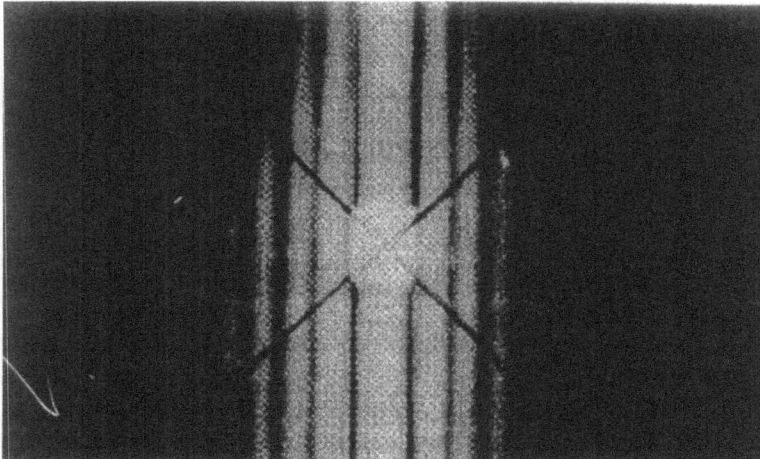

Abb. 1.1.7.: Beugung am Spalt – Experiment

1.1.3   Photonen (Lichtquanten)

Wenn Licht auf Materie – also Atome und Moleküle – trifft, so kann es entweder absorbiert oder emittiert werden, wobei der Energieaustausch nur im Vielfachen eines Energiequants erfolgt und dessen Energieinhalt E_q der Frequenz des Lichts f proportional ist und die Proportionalitätskonstante h eine universelle Konstante, das Planck'sche Wirkungsquantum $h = 6,626 \times 10^{-34}$, darstellt:

$$E_q = hf \tag{7}$$

Es ist daher nahe liegend, die Ausbreitung von Licht auch als die Fortbewegung einer großen Zahl von Teilchen der Quantenenergie E_q, die als Photonen oder Lichtquanten bezeichnet werden, zu betrachten. Als Teilchen müssen die Photonen auch einen Impuls aufweisen, der sich formal aus der relativistischen Energie der Photonen $E = mc^2$ berechnen lässt:

$$E_q = mc^2 = (mc) \cdot c = c \cdot P_q \tag{8}$$

Da die Quantenenergie aber auch wie oben durch die Frequenz f bestimmt wird, erhält man

$$P_q = (hf)/c = h/\lambda \tag{9}$$

Der Impuls der Photonen wird also durch die Wellenlänge bestimmt. Dieses Bild einer Teilchenstrahlung kann mit dem Wellenbild des Lichts in Einklang gebracht werden (siehe Abb. 1.1.8.), wenn man davon ausgeht, dass Licht von den Atomen und Molekülen dadurch abgegeben wird, dass diese von einem Zustand höherer innerer Energie zu einem Zustand niedrigerer Energie übergehen (siehe 1.2), was nur kurze Zeit dauert, sodass Licht nur während dieser kurzen Zeit abgestrahlt wird. Das führt dazu, dass das emittierte Licht keinen unendlich langen Wellenzug darstellt, sondern der abgegebene Wellenzug eine endliche Dauer aufweist, also nur ein kurzes Wellenpaket emittiert wird. Da nun pro Zeiteinheit sehr viele Übergänge von höherer Energie zu niedrigerer Energie in Atomen und Molekülen stattfin-

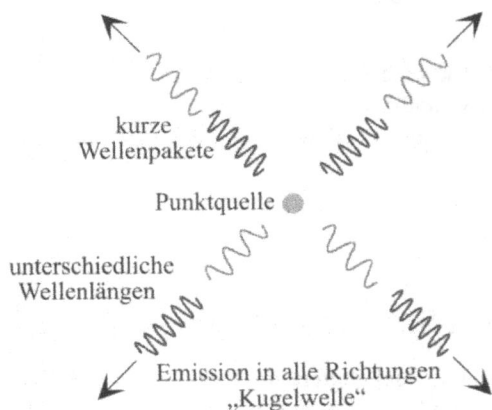

Abb. 1.1.8.: Natürliches Licht – Wellenpakete mit verschiedenen Wellenlängen

den, wird eine große Zahl solcher Wellenpakete emittiert und es kommt schließlich eine kontinuierlich scheinende Lichtemission zu Stande. Diese Wellenpakete entsprechen nun dem landläufigen Bild von einem Teilchen mit einer relativ geringen Ausdehnung.

Bei der Emission von Licht durch Moleküle und Atome finden Übergänge zwischen den verschiedensten Energieinhalten statt, insbesondere dann, wenn sich die Atome durch hohe Temperatur, bei der sie sich heftig bewegen, durch Stöße gegenseitig Energie zuführen. Diese Energie wird dann durch Abstrahlung von Lichtquanten wieder abgegeben. Jene weisen dann entsprechend dem Ausgangsenergieinhalt des Atoms und dem Endenergieinhalt des Atoms nach der Lichtemission auch verschiedene Quantenenergien und damit Frequenzen und Farben auf. Bei schwacher Erwärmung wird den Atomen dabei nur wenig Energie zugeführt und sie können nur relativ kleine Energiequanten mit niedriger Frequenz und hoher Wellenlänge, also etwa rotes Licht, abgeben. Werden die Atome weiter erhitzt, so wird ihnen damit mehr Energie zugeführt und damit können sie auch größere Energiequanten abgeben, z.B. blaues Licht emittieren. Wird schließlich die Temperatur etwa auf die Temperatur verdampfenden Stahls von 3.000 °C erhöht, so können praktisch Energiequanten mit allen möglichen Farben abgegeben werden, sodass insgesamt weißes Licht, das alle Farben des Spektrums umfasst, abgestrahlt wird.

Licht, das auf die besprochene Art von Molekülen und Atomen erzeugt wird, wird als „natürliches Licht" bezeichnet (Sonnenlicht, Glühbirne, Leuchtstoffröhre, Flamme). Auf Grund der kurzen Dauer der einzelnen Wellenpakete kommt keine zusammenhängende (lat.: „kohärente") Schwingung zu Stande. Dies ist nur bei mit Lasern erzeugtem Licht, so genanntem „kohärentem Licht", möglich.

Eine wesentliche Eigenschaft inkohärenten, natürlichen Lichts ist es, dass zwischen dem Zeitpunkt, an dem an einer bestimmten Stelle im Nahfeld die elektrische Feldstärke ihr Maximum erreicht, und dem Zeitpunkt des Auftretens eines Maximums im Fernfeld kein Zusammenhang besteht, während er bei kohärentem Laserlicht ein Vielfaches der Periodendauer $1/f$ betragen muss. Dementsprechend kann man auch bei kohärentem Licht davon ausgehen, dass zwei Stellen immer dann zur gleichen Zeit ein Maximum der elektrischen Feldstärke erreichen, wenn ihr Abstand ein ganzzahliges Vielfaches der Wellenlänge beträgt, was ebenfalls bei inkohärentem Licht nicht der Fall ist.

So lässt sich etwa die Beugung am Spalt nur mit kohärentem Licht in ausgeprägter Weise beobachten, da ja im Fernfeld Interferenzen auf Grund von Wegunterschieden im Nahfeld die typische Helligkeitsverteilung mit Maxima und Minima verursachen (siehe auch [1] und [2]).

1.2   Gauß'scher Strahl

1.2.1   Erzeugung des Gauß'schen Strahles und höhere Moden

Die früher behandelte Beugung an einem schmalen Spalt liefert im Fernfeld eine Helligkeitsverteilung mit aufeinander folgenden Maxima und Minima, wobei in der Symmetrieachse das besonders ausgeprägte Hauptmaximum auftritt (siehe Abb. 1.1.6.).

Es ist leicht einzusehen, dass beim Ersetzen des schmalen Spalts durch ein kleines Loch (Durchmesser a) ähnliche Phänomene der Beugung und konstruktiven bzw. destruktiven Interferenz wie beim schmalen Spalt mitwirken und daher ebenfalls eine Helligkeitsverteilung mit einem Hauptmaximum in der Strahlachse und periodisch aufeinander folgenden Minima und Maxima der Helligkeit zu Stande kommen muss, wobei diese Helligkeitsverteilung nicht wie beim schmalen Spalt streifenförmig, sondern kreisringförmig ausgebildet sein muss.

Betrachtet man nun das Hauptmaximum der Helligkeitsverteilung im Fernfeld, das von einem ringförmigen Bereich verschwindender Helligkeit umgeben ist, und vernachlässigt die stets kleineren Nebenmaxima, so bildet sich zwischen dem Nahfeld, wo ja nur ein heller Bereich mit dem Durchmesser des beleuchteten Loches zu Stande kommt, und dem Fernfeld mit seinem ausgeprägten Hauptmaximum mit einem Durchmesser, der durch das erste Helligkeitsminimum bestimmt wird, ein Strahl aus, der unmittelbar am erzeugenden kleinen Loch eine rechteckige Intensitätsverteilung über den Querschnitt aufweist, während im Fernfeld ein Maximum der Intensität in der Achse gefolgt von einem stetigen Absinken bis zum Rand des Strahls zu Stande kommt.

Infolge des Auftretens des ersten Minimums der Helligkeit im Fernfeld unter einem Winkel

$$\alpha = \lambda/a \qquad\qquad\qquad (10)$$

zeigt der durch das Loch wegen Beugung und Interferenz erzeugte Strahl eine gewisse Aufspreizung, die durch die Strahldivergenz

$$\Theta = \alpha \qquad\qquad\qquad (11)$$

gegeben ist.

Multipliziert man die durch (11) bestimmte Divergenz mit dem Durchmesser des strahlerzeugenden Loches a und berücksichtigt, dass dies auch der kleinste Durchmesser des erzeugten Strahles $2w_0$ ist, erhält man das so genannte „Strahlparameterprodukt"

$$w_0 \Theta = \lambda/2 \qquad\qquad\qquad (12)$$

Diese Größe, die durch eine einfache Plausibilitätsbetrachtung auf Grund der Beugung am Spalt gewonnen wurde, beträgt bei exakter Behandlung durch die Lösung der Wellengleichung λ/π. Dieses Strahlparameterprodukt wird später dazu verwendet werden, den kleinstmöglichen Durchmesser eines Laserstrahls im Fokus einer Linse oder eines Hohlspiegels zu berechnen.

Betrachtet man nun die Helligkeitsverteilung, die durch die Beugung am Spalt oder an einem kleinen Loch erzeugt wird, etwas genauer, so muss man natürlich die Nebenmaxima der Helligkeit berücksichtigen. Um einen Strahl mit nur einem Hauptmaximum in der Strahlachse und einem stetigen Absinken der Helligkeit in radialer Richtung zu erhalten, kann man dann beispielsweise im Abstand L von der durch ein Loch durchbrochenen Wand eine weitere Lochblende anbringen (siehe Abb. 1.2.1.), wobei zur Selektion des Hauptmaximums der

Radius ihrer Öffnung dividiert durch den Abstand der Lochblende von der Lichtquelle gleich tan α_1 – dem Winkel des ersten Minimums – sein muss.

Für kleine α_1 ergibt sich zusammen mit (5) die folgende Bedingung:

$$a^2/\lambda L_1 = 1 \tag{13}$$

wenn a so gewählt wird, dass es dem Radius der das Hauptmaximum umgebenden dunklen Zone gleich ist.

Die Größe a^2/λ wird „Fresnelzahl N" genannt:

$$N = a^2/\lambda L_1 \tag{14}$$

Der mit Hilfe einer solchen „Lochblende" erzeugte Strahl wird als „Gauß'scher Strahl" oder Grundmodus bezeichnet, da sein Intensitätsprofil in der Nähe der Achse einer Gauß'schen Glockenkurve ähnelt, für größere Radien dann allerdings im Bereich des ersten Minimums der Helligkeit auf Null absinkt. Die exakte Beschreibung – wieder durch Lösung der Wellengleichung – zeigt, dass in Wirklichkeit das Strahlprofil exakt durch eine Gauß-Kurve beschrieben wird, wobei es dann in radialer Richtung stetig bis ins Unendliche hinein absinkt. Die Helligkeit des Stahles wird durch die Intensität I beschrieben, die angibt, wie viel Lichtenergie pro Zeiteinheit durch eine Flächeneinheit durchtritt.

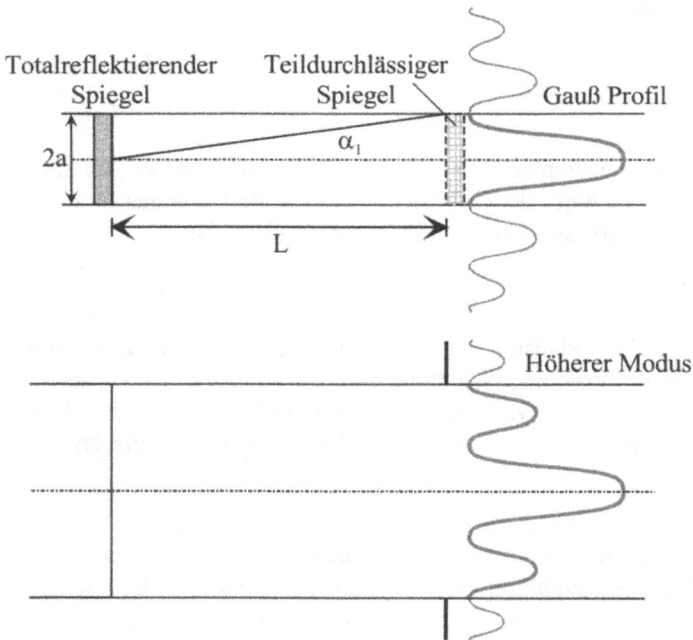

Abb. 1.2.1.: Erzeugung eines Gauß-Strahles

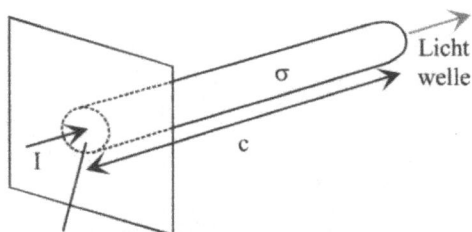

Querschnitt = Flächeneinheit

Abb. 1.2.2.: Definition der Intensität I

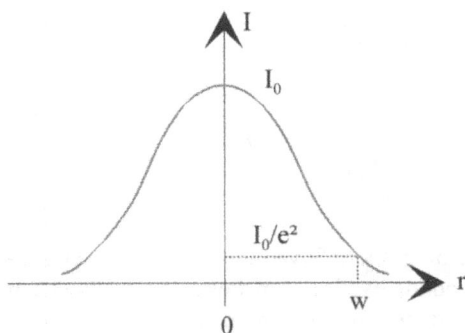

Abb. 1.2.3.: Intensitätsprofil eines Gauß-Strahles

Für die Intensität gilt gemäß Abb. 1.2.2.:

$$I = c \cdot \sigma \tag{15}$$

Die Intensitätsverteilung über den Querschnitt eines Gauß'schen Strahls lautet dann:

$$I = I_0\, e^{-2\frac{r^2}{w^2}} \tag{16}$$

wobei w als „Strahlradius" bezeichnet wird (siehe Abb. 1.2.3.).

Dieser stellt nur eine Rechengröße dar, da ein Strahlradius durch das langsame Absinken bis ins Unendliche hin nicht gemessen werden kann.

Wird nun die oben beschriebene Lochblende größer gewählt, so kann erreicht werden, dass nicht nur das Hauptmaximum der Helligkeit oder Intensität, sondern auch das kleinere erste Nebenmaximum noch nicht unterdrückt wird. Einen solchen Strahl mit einem zentralen Hauptmaximum und weiteren Minima und Maxima der Intensität bezeichnet man als einen so genannten „höheren Modus" (siehe Abb. 1.2.4.).

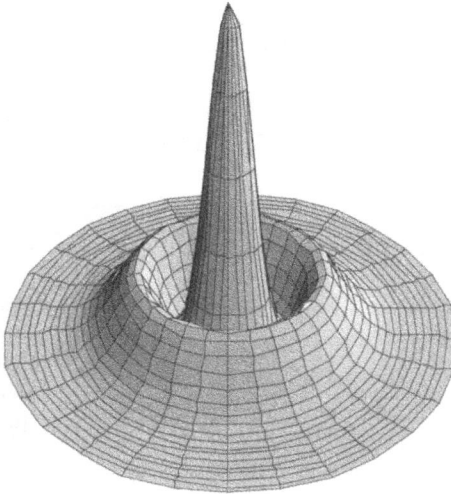

Abb. 1.2.4.: Höherer Modus

Höhere Modi weisen einerseits selbstverständlich eine größere Divergenz auf und lassen sich andererseits schlechter fokussieren als der Grundmodus, weil sie im Fokus einen kleinsten Fleck, umgeben von Ringen, liefern. Das Strahlparameterprodukt wird daher für einen so genannten höheren Modus des Strahls vergrößert um einen Faktor $1/K$ – die so genannte „Strahlqualitätskennzahl". Diese beträgt für den reinen Grundmodus 1 und für einen typischen höheren Modus eines Hochleistungs-CO_2-Lasers 0,1:

$$\Theta \cdot w_0 = 1/K \cdot \lambda/\pi \qquad\qquad (17)$$

Die Intensität eines Lichtstrahls hängt natürlich von der Größe der elektrischen Feldstärke ab und muss mit dieser ansteigen. Die genaue theoretische Beschreibung zeigt, dass die Intensität dem Quadrat der Feldstärke F multipliziert mit der Dielektrizitätskonstante proportional ist:

$$I = F^2 \cdot \varepsilon_0 \qquad\qquad (18)$$

1.2.2   Strahlrand und Wellenfronten des Gauß'schen Strahles

Wie schon in Kapitel 1.1.2 festgestellt, erzeugt eine lichtemittierende Fläche von begrenzter Ausdehnung im Nahfeld eine ebene Welle und im Fernfeld eine Kugelwelle, was daher auch für den Gauß'schen Strahl gelten muss, da dieser von einer kreisförmigen Lichtquelle – also etwa von der Austrittsöffnung eines Lasers – erzeugt wird. Bezeichnet man jetzt den Verlauf des Strahlradius w mit zunehmender Entfernung von der Lichtquelle z, also die Funktion $w(z)$, als „Strahlrand", so muss dieser in unmittelbarer Nähe der Lichtquelle achsenparallel verlaufen und

$$w(z) = w_0 \qquad\qquad (19)$$

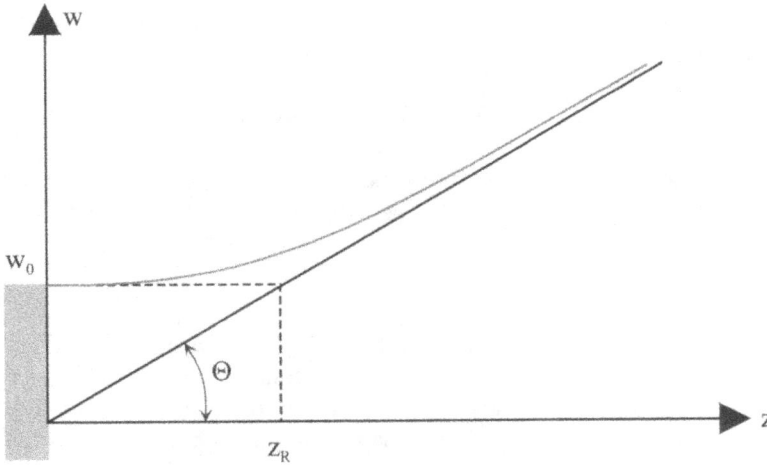

Abb. 1.2.5.: Gauß'scher Strahlradius zur Entfernung von der Lichtquelle

lauten, während in großer Entfernung von der Lichtquelle entsprechend dem Öffnungswinkel der Divergenz Θ der Strahlradius linear mit der Entfernung von der Quelle z ansteigt und somit

$$w(z) = \Theta \cdot z = (\lambda z)/(\pi w_0) \tag{20}$$

beträgt (Abb. 1.2.5.).

Aus den letzten beiden Gleichungen kann man den Gesamtverlauf des Strahlrandes leicht erraten und erhält

$$w(z) = \sqrt{w_0^2 + \left(\frac{\lambda}{\pi w_0}\right)^2 \cdot z^2} \tag{21}$$

Mit der Definition der Raleigh-Länge

$$z_R = w_0^2 \pi / \lambda \tag{22}$$

erhält man schließlich

$$w = w_0 \sqrt{1 + \left(\frac{z}{z_R}\right)^2} \tag{23}$$

Mit dem nun bekannten Verlauf des Strahlrandes des Gauß'schen Strahles ist bei gegebener maximaler Intensität im Nahfeld die Amplitude der elektrischen Feldstärke der Lichtwelle in jedem Punkt des Raumes bekannt. Um auch die Phase der elektrischen Feldstärke, die festlegt, wann in einem bestimmten Punkt des Raumes etwa ein Maximum der Feldstärke auftritt, bestimmen zu können, muss man noch die Form der Wellenfront, die durch den betrach-

teten Punkt geht, kennen, da beispielsweise alle Maxima der Feldstärke, die zur selben Zeit
auftreten, auf dieser Wellenfront liegen müssen. Die Form dieser Wellenfronten, die wie
schon in 1.1.2 erwähnt stets als kugelförmig und senkrecht zur Ausbreitungsrichtung angenommen werden können, wird vor allem durch ihren Radius R bestimmt. Da die Wellenflä-
chen in der Nähe der Quelle, also im Nahfeld, Ebenen sind, muss dort $R(z) \rightarrow \infty$ gelten, wobei die Ebene ja nur ein Sonderfall einer Kugel mit unendlich großem Radius ist. Im Fernfeld, also in größerer Entfernung von der Lichtquelle, wo Kugelwellen auftreten, muss hingegen gelten:

$$R(z) = z \tag{24}$$

Damit muss der Verlauf des Wellenfrontradius R in Abhängigkeit vom Abstand z von der
Quelle für $z = 0$ unendlich groß sein, dann für endliches z ein Minimum erreichen und sich
schließlich asymptotisch der Geraden $R = z$ nähern und damit gegen Unendlich gehen. Die
Funktion $R(z)$ kann man nun dadurch bestimmen, dass man für jeden Punkt z eine Kugelflä-
che sucht, die symmetrisch zur Achse des Strahls verläuft und den Strahlrand $w(z)$ senkrecht
schneidet. Diese Rechnung, die keinerlei Probleme aufwirft, liefert für $R(z)$ das folgende
Ergebnis (siehe Abb. 1.2.6.):

$$R(z) = z + (z_R^2/z) \tag{25}$$

von der Entfernung zur Lichtquelle.

Der solcherart bestimmte Radius der Wellenfront gewinnt dann große Bedeutung, wenn ein
Gauß'scher Strahl durch einen Hohlspiegel reflektiert (wie etwa bei einer Fokussierungs-
optik) wird, da bei Gleichheit von Wellenfrontradius des Gauß'schen Strahles am Ort des
Spiegels und Krümmungsradius des Spiegels eine vollkommene Reproduktion des Strahles
erfolgt, was bedeutet, dass der Strahlrand des einfallenden und des reflektierten Strahles
identisch sind. Dies hängt damit zusammen, dass bei der genannten Bedingung der einfallende Strahl den Spiegel an jeder Stelle senkrecht trifft und daher auch wieder senkrecht reflektiert wird (siehe [3]).

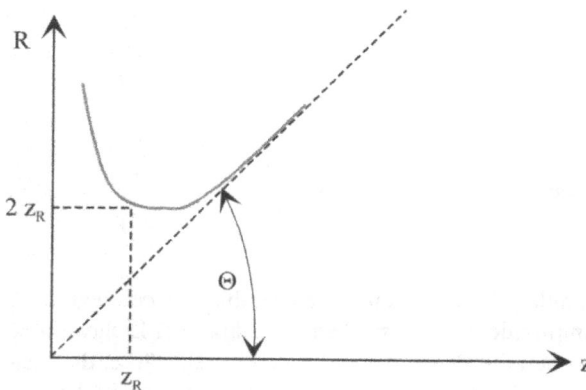

Abb. 1.2.6.: Radien der Wellenfront eines Gauß'schen Strahls in Abhängigkeit

1.3 Atome und Moleküle und ihre Wechselwirkung mit Licht

1.3.1 Energieniveaus der Atome und Moleküle

Die Experimente mit Licht verschiedenster Wellenlängen und Frequenz zeigen, dass Absorption von Licht durch Atome nur bei bestimmten Frequenzen auftritt, was man so deuten kann, dass die um den positiv geladenen Atomkern kreisenden, negativ geladenen Elektronen nur bestimmte (diskrete) Energieniveaus einnehmen können und daher die Absorption von Licht nur bei solchen Frequenzen auftritt, bei denen die Quantenenergie der Photonen dem Abstand zweier Energieniveaus entspricht. Dabei setzt sich die Elektronenenergie, die – wenn man von der praktisch konstanten Kernenergie absieht – die Energie des Atoms darstellt, aus der kinetischen Energie der Bewegung auf der Bahn um den Kern und der potentiellen Energie des negativen Elektrons im Feld des positiven Kerns zusammen. Jedem Elektronenenergieniveau entspricht bei (vereinfachend angenommen) kreisförmigen Bahnen ein bestimmter Bahnradius. Es ist nun aus verschiedenen Experimenten gesichert, dass Elektronen dann, wenn sie mit anderen Materieteilchen in Wechselwirkung treten, Wellencharakter zeigen, wobei für Wellenlänge und Impuls sowie Frequenz und Energie des Elektrons dieselben Relationen gelten wie für Lichtquanten. Bewegt sich nun das Elektron um den Kern, so weist es entsprechend seiner kinetischen Energie einen bestimmten Impuls auf, der die Wellenlänge des Elektrons dieser Bahn wie oben festlegt. Es ist nun plausibel anzunehmen, dass für einen stabilen Zustand des Atoms eine volle Zahl von Elektronenwellenlängen auf dem Umfang der Bahn des Elektrons Platz haben muss (siehe Abb. 1.3.1.).

Ist der Umfang der Elektronenbahn gleich *einer* Elektronenwellenlänge, so handelt es sich offensichtlich um den kleinstmöglichen Bahnradius, dem auch eine kleinstmögliche Energie

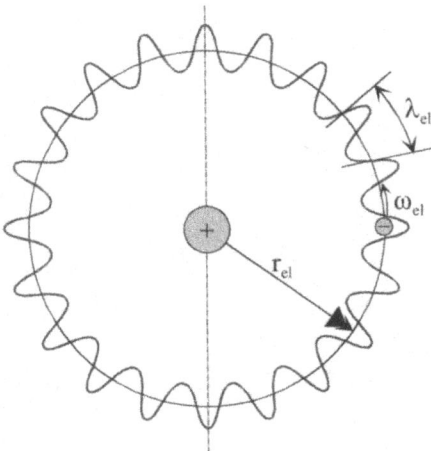

Abb. 1.3.1.: Plausibilitätserklärung für stabile Zustände eines Atoms

des Elektrons entspricht. Diese ist übrigens negativ, da ja das Elektron bei Annäherung an den positiven Kern Energie verloren hat, und zwar dann am meisten, wenn es sich dem Atomkern am weitesten genähert hat.

Finden zwei Wellenlängen auf der Elektronenbahn Platz, so kommt eine etwas weitere Elektronenbahn und damit eine höhere, aber weiterhin negative Energie des Elektrons zu Stande.

Damit lassen sich mit der obigen Plausibilitätserklärung die diskreten Energieniveaus des Atoms beschreiben (siehe Abb. 1.3.2. für Wasserstoff).

In Gasen schließen sich meist zwei oder mehr Atome zu Molekülen zusammen, wobei die Atome untereinander durch elastische Kräfte aneinander gebunden sind. Unter diesen Umständen können die Atome im Molekül um ihre Ruhelage Schwingungen ausführen, wobei beispielsweise bei Stickstoff, bei dem sich zwei Atome zu einem Molekül zusammenschließen, der Abstand der beiden Atome periodisch schwankt. Mit diesen Molekülschwingungen ist ebenfalls eine kinetische Energie verbunden, die – ebenso wie die Atomenergie – quantisiert ist. Dabei liegen die typischen Abstände der Molekülschwingungsenergien bei etwa einem Zehntel der Abstände der Atomenergieniveaus, so dass Übergänge zwischen Molekülschwingungsniveaus mit infrarotem Licht mit einer typischen Quantenenergie von 0,1 eV erfolgen (1 eV ist die Energie, die ein Elektron gewinnt, wenn es eine elektrische Spannung von 1 V durchläuft), während Übergänge zwischen den Energieniveaus des Atoms bei sichtbarem oder ultraviolettem Licht mit einer Quantenenergie im Bereich von 1 eV erfolgen können.
Nur der Atom-Zustand mit kleinstmöglichem Bahnradius und niedrigstmöglicher Energie kann über längere Zeit stabil aufrecht erhalten werden. Er wird daher als „Grundzustand" bezeichnet, während alle weiteren Bahnen und höheren Atomenergieniveaus instabile Zustände darstellen, die nur für sehr kurze Zeit, die als „Lebensdauer" bezeichnet wird und im Bereich von Nanosekunden liegt, angenommen werden können. Diese werden als „angeregte Zustände" bezeichnet. Wie erwähnt, sind alle mit Grundzustand und angeregten Zuständen

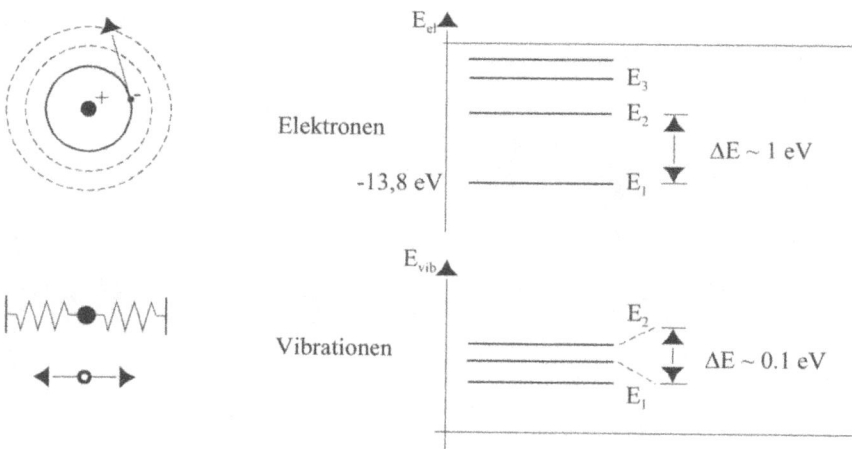

Abb. 1.3.2.: Diskrete Energieniveaus am Beispiel von Wasserstoff (oben) oder eines Atems in einem Molekül (unten)

verbundenen Elektronen-Energien negativ. Wird das Elektron aus der Anziehung durch den positiven Kern durch die Zufuhr von Energie – etwa durch Stoß mit einem energiereichen Teilchen oder durch Absorption eines Lichtquants – befreit, so wird seine Energie positiv und es kann sich frei vom Atom wegbewegen und lässt dann – etwa im Fall des Wasserstoffs – einen positiv geladenen Kern zurück, der als „positives Ion" bezeichnet wird. Der Vorgang des Freisetzens eines Elektrons wird daher als „Ionisation" – z.B. Stoß- oder Photoionisation – bezeichnet.

Ganz analog kann durch Stoß oder Lichtabsorption auch nur der Übergang vom Grundzustand zu einem höheren Energieniveau eines gebundenen Elektrons erfolgen, der dann als „Stoß-" oder „Photoanregung" bezeichnet wird, wobei für die Ionisation selbstverständlich die höchste Energie, die so genannte „Ionisationsenergie" (im Bereich von 20 eV) aufzubringen ist (siehe auch [4]).

1.3.2 Spontane Emission, Absorption und stimulierte Emission

Wird ein Elektron durch Energiezufuhr, wie besprochen, auf einen angeregten Energiezustand gebracht, so fällt es nach Ablauf der Lebensdauer, die natürlich nur als Mittelwert definiert werden kann, spontan wieder in den Grundzustand zurück und gibt die zunächst zugeführte Energie in Form von Licht wieder ab – ein Vorgang, der als „spontane Emission" bezeichnet wird.

Absorption von Licht durch ein Atom stellt einen Prozess dar, der zum Übergang eines Elektrons von einer niedrigeren Energie zu einer höheren Energie unter Aufzehrung eines Photons führt. Den Mechanismus dieser Absorption kann man sich so vorstellen (siehe Abb. 1.3.3.), dass die elektrische Feldstärke der einfallenden Lichtwelle zu einem bestimmten Zeitpunkt so gerichtet ist, dass sie das Elektron auf seiner Bahn um den Kern beschleunigt und die elektrische Feldstärke ihre Richtung umgekehrt hat, wenn das Elektron die gegenüberliegende Seite der Bahn erreicht hat, so dass dann neuerlich Beschleunigung stattfindet.

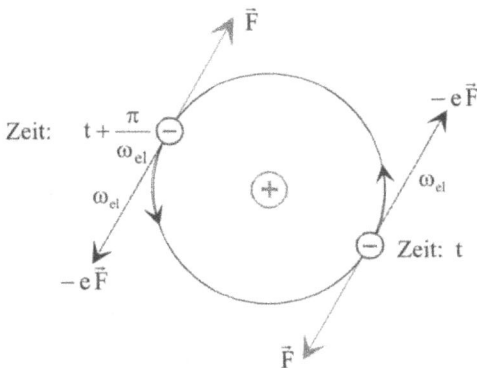

Abb. 1.3.3.: Plausibilitätserklärung der Absorption von Licht

Diese Bedingung ist dann erfüllt, wenn die Kreisfrequenz ($\omega = 2\pi f$) der Lichtwellen gleich der Winkelgeschwindigkeit des Elektrons um den positiven Kern ist:

$$2\pi f = \omega_{el} \tag{26}$$

Ist Gleichung (26) erfüllt, spricht man von Resonanz zwischen der Lichtwelle und dem Elektron auf seiner Bahn. Diese Bedingung ist völlig äquivalent zu der eingangs getroffenen Feststellung, dass Licht nur bei bestimmten Frequenzen vom Atom absorbiert werden kann.

Ist nun aber bei ebensolcher Erfüllung der Resonanzbedingungen die elektrische Feldstärke zu einem Zeitpunkt so gerichtet, dass sie das Elektron abbremst (siehe Abb. 1.3.4.), so verliert das Elektron ständig Energie, was zu einer Verstärkung der Lichtwelle oder anders gesagt zu zusätzlicher Emission von Licht führt. Dieser Emissionsvorgang stellt das genaue Gegenteil der Absorption dar und wird als „stimulierte Emission" bezeichnet.

Diese Art von Emission wird zur Erzeugung von künstlichem Laserlicht verwendet, während natürliches Licht nur durch spontane Emission erzeugt wird.

Die sehr einfachen Plausibilitätserklärungen über die Energieniveaus der Atome im Zusammenhang mit der Elektronenwellenlänge, dem Mechanismus der Absorption und der stimulierten Emission von Licht durch Atome führen bei zahlenmäßiger Beschreibung beim Wasserstoffatom zu den mit Hilfe der Quantentheorie mit unvergleichlich größerem Aufwand zu berechnenden Zahlenwerten für die Energie des Grundzustandes und der angeregten Zustände und die Lichtfrequenzen, bei denen Absorption und stimulierte Emission auftreten, wobei diese Zahlenwerte mit experimentell ermittelten Werten genau übereinstimmen.

Um Absorption und stimulierte Emission von Licht durch Moleküle zu verstehen, soll das Beispiel des CO_2-Moleküls herangezogen werden (siehe Abb. 1.3.5.). Dieses besteht aus einem zentralen Kohlenstoffatom und zwei durch Federkräfte an dieses gebundene Sauerstoffatome. Zum Unterschied vom Stickstoffmolekül kann das Molekül nicht nur eine, sondern drei verschiedene Schwingungsarten ausführen, wobei zunächst die beiden Sauerstoff-

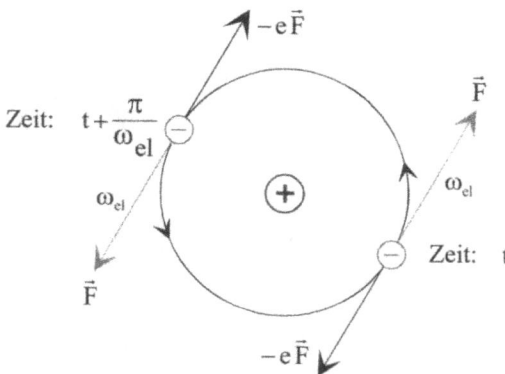

Abb. 1.3.4.: Plausibilitätserklärung der stimulierten Emission

atome bei ruhendem Kohlenstoffatom sich entweder beide nach rechts oder beide nach links bewegen können, so dass der Schwerpunkt des Moleküls ebenfalls hin- und herwandert. Diese Schwingung wird als „asymmetrische Molekülschwingung" des CO_2-Moleküls bezeichnet. Die zweite Möglichkeit besteht darin, dass beide Sauerstoffatome nach verschiedenen Seiten auspendeln, und wird als „symmetrische Molekülschwingung" bezeichnet. Da hier der Schwerpunkt des Moleküls in Ruhe bleibt, ist der Energieinhalt dieser Schwingung um etwa 0,1 eV kleiner als jener der asymmetrischen Molekülschwingung. Wirkt nun das elektrische Feld einer Lichtwelle auf das Molekül, das sich etwa im Zustand der asymmetrischen Schwingung befindet, ein, werden alle drei Atome polarisiert, wobei sich dann jeweils positive und negative Ladungen auf benachbarten Atomen gegenüberstehen. Dies führt dazu, dass der asymmetrischen Bewegung der Sauerstoffatome eine gleichzeitige Anziehung beider Sauerstoffatome durch das Kohlenstoffatom entgegenwirkt. Diese erreicht dann ihr Maximum, wenn die Feldstärke ihr Maximum aufweist. Wenn nun die Lichtfrequenz und die Frequenz der asymmetrischen Molekülschwingung in Resonanz sind, dann geht die asymmetrische Schwingung nach kurzer Zeit zu einer symmetrischen Schwingung über, die den anziehenden symmetrischen Polarisationskräften entspricht, wobei das Molekül wie gesagt dann eine verringerte Schwingungsenergie aufweist. Die frei werdende Energie wird in Form eines Lichtquants, das die einfallende Strahlung verstärkt, abgegeben.

Dass die mit dem CO_2-Molekül wechselwirkende Lichtwelle beim Übergang von der asymmetrischen Schwingung zur symmetrischen Schwingung verstärkt wird, kann man dadurch verstehen, dass die schon erwähnten Polarisationsladungen auf den drei Atomen des Moleküls ihrerseits wieder eine elektrische Feldstärke erzeugen (s. Abb. 1.3.5.), die zur Feldstärke der einfallenden Lichtquelle, die Polarisation erzeugt, hinzugezählt werden muss, so dass sie insgesamt die Feldstärke der Lichtquelle während der Wechselwirkung verdoppelt.

1.3.3 Rechnerische Beschreibung von Absorption, spontaner Emission und stimulierter Emission

In der Folge wird bei der Beschreibung der Wechselwirkung zwischen Licht und Atomen immer angenommen, dass Letztere nur über einen Grundzustand der Energie und zwei angeregte Energieniveaus mit der Höhe E_1 und E_2 über dem Grundzustand verfügen. Weiter sollen N_1 Atome pro Volumeneinheit das Energieniveau E_1 einnehmen (Besetzungsdichte), N_2 Atome das Energieniveau E_2 einnehmen und τ_1 und τ_2 die Lebensdauern der beiden Energienivaus E_1 und E_2 sein.

Wirkt nun Licht mit der Frequenz f, dessen Quantenenergie hf gleich der Energiedifferenz $E_2 - E_1$ ist, und mit der Energie σ pro Volumeneinheit auf das Atom ein, so werden umso mehr Atome pro Volumen- und Zeiteinheit von Niveau E_1 zu Energieniveau E_2 übergehen, je größer N_1 und σ sind.

B_{21} ist eine als „Einstein-Koeffizient der Absorption" bezeichnete Materialkonstante und $g_0(f)$ die so genannte „normierte Linienbreite", die das Resonanzverhalten der Absorption beschreibt.

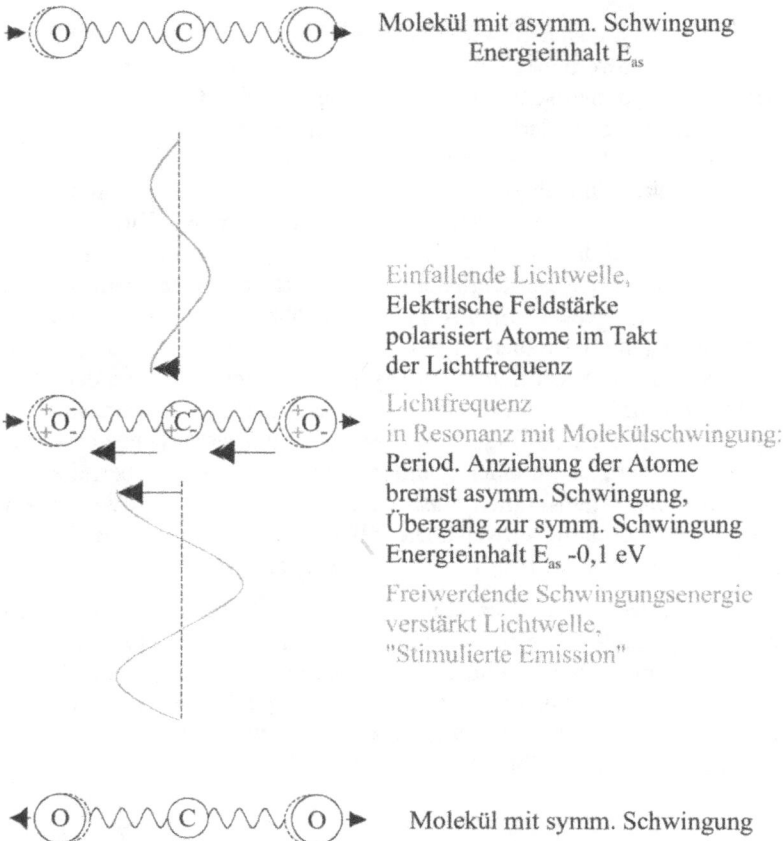

Molekül mit asymm. Schwingung
Energieinhalt E_{as}

Einfallende Lichtwelle,
Elektrische Feldstärke
polarisiert Atome im Takt
der Lichtfrequenz

Lichtfrequenz
in Resonanz mit Molekülschwingung:
Period. Anziehung der Atome
bremst asymm. Schwingung,
Übergang zur symm. Schwingung
Energieinhalt E_{as} -0,1 eV

Freiwerdende Schwingungsenergie
verstärkt Lichtwelle,
"Stimulierte Emission"

Molekül mit symm. Schwingung

Abb. 1.3.5.: Stimulierte Emission durch das CO_2-Molekül

Damit erhält man die so genannte „Ratengleichung" für die Absorption (B_{21} Einstein-Koeffizient der Absorption):

$$-\frac{dN_1}{dt} = \frac{dN_2}{dt} = B_{21} \cdot N_1 \cdot \sigma \cdot g_0(f) \qquad (27)$$

Völlig analog erhält man die Ratengleichung der stimulierten Emission mit dem Einsteinkoeffizienten der stimulierten Emission B_{12}:

$$-\frac{dN_2}{dt} = \frac{dN_1}{dt} = B_{12} \cdot N_2 \cdot \sigma \cdot g_0(f) \qquad (28)$$

Da stimulierte Emission und Absorption genau reziprok sind, sind die beiden Einstein-Koeffizienten gleich groß.

Die Ratengleichung der spontanen Emission für das Energieniveau E_1 und E_2 lauten dann in ähnlicher Weise:

$$\frac{dN_2}{dt} = -\frac{N_2}{\tau_2} \tag{29}$$

$$\frac{dN_1}{dt} = -\frac{N_1}{\tau_1} \tag{30}$$

Die Abhängigkeit vom Kehrwert der Lebensdauer kommt zu Stande, weil bei kürzerer Lebensdauer mehr Übergänge pro Zeiteinheit von einem Energieniveau zum anderen, also etwa vom Energieniveau E_2 zum Energieniveau E_1 stattfinden.

Die oben angeführten Ratengleichungen erlauben es nun, Bilanzen für die Besetzungsdichten N_1 oder N_2 aufzustellen und damit diese Besetzungsdichten zu berechnen. Darüber hinaus kann damit aber auch die absorbierte und emittierte Lichtenergie errechnet werden, wenn einfach die Zahl der Übergänge, beispielsweise vom Energieniveau E_2 zu E_1 pro Zeit und Volumeneinheit mit der Quantenenergie hf multipliziert wird.

Damit erhält man die netto absorbierte Lichtenergie pro Zeit und Volumeneinheit als Differenz von Absorption und stimulierter Emission aus den beiden Ratengleichungen 27 und 28 zu:

$$\frac{d\sigma}{dt} = -hf \cdot \sigma \cdot B_{12} \cdot (N_1 - N_2) \cdot g_0(f) \tag{31}$$

Wird den Atomen von außen keine Energie zugeführt, so ist das untere Energieniveau stets stärker besetzt als das obere, $N_1 > N_2$ und es kommt eine Netto-Absorption von Licht durch die Atome zu Stande.

1.3.4 Inversion und Lichtverstärkung

Wird nun den betrachteten Atomen Energie – und zwar durch Einstrahlung von Licht oder hochenergetischen Elektronen – zugeführt, so werden ständig Atome vom Energieniveau E_1 zum höheren Energieniveau E_2 gebracht und es kann zu einem Überwiegen der Besetzungsdichte des oberen Energieniveaus N_2 über die Besetzungsdichte N_1 des unteren Energieniveaus E_1 kommen, ein Zustand, der als „Inversion" bezeichnet wird. In diesem Falle zeigt Gleichung (31), dass die ursprüngliche Netto-Lichtabsorption zur Licht-Emission verändert wird und die Atome das eingestrahlte Licht verstärken.

1.3.5 Berechnung der Inversion

Es wird nun angenommen, dass durch Zufuhr äußerer Energie p Atome pro Volumen- und Zeiteinheit vom Grundzustand zum niedrigeren Energieniveau E_1 und ebenso zum höheren Energieniveau E_2 gepumpt werden. Die Bilanzgleichung des oberen Energieniveaus umfasst nun Gewinne durch das Pumpen, aber auch durch Absorption von abgestrahltem Licht mit der Energiedichte σ, und auch Verluste infolge spontaner Emission und die durch die einwirkende Lichtstrahlung verursachte stimulierte Emission.

Die Bilanzgleichung für die Besetzungsdichte des oberen Energieniveaus lautet daher:

$$\frac{dN_2}{dt} = p + B_{21} \cdot \sigma \cdot N_1 \cdot g_0(f) - \frac{N_2}{\tau_2} - B_{12} \cdot \sigma \cdot N_2 \cdot g_0(f) \qquad (32)$$

Für das untere Energieniveau E_1 kann eine ähnliche Bilanz für die Besetzungsdichte N_1 aufgestellt werden:

$$\frac{dN_1}{dt} = p + B_{12} \cdot \sigma \cdot N_2 \cdot g_0(f) - \frac{N_1}{\tau_1} - B_{21} \cdot \sigma \cdot N_1 \cdot g_0(f) \qquad (33)$$

Durch Lösen dieser beiden Bilanzgleichungen können bei bekannter Pumprate und Energiedichte der einfallenden Lichtstrahlung und für stationären Zustand die Besetzungsdichten des unteren und des oberen Energieniveaus N_1 und N_2 berechnet werden, wobei ihre Differenz darüber entscheidet, ob eine Nettoabsorption oder Lichtemission zu Stande kommt. Bei den beiden Gleichungen (32) und (33) sieht man sofort, dass ohne wesentliche Einwirkung von Licht, also bei sehr kleinem σ, die Differenz der Besetzungsdichten nur von der Pumprate und den Lebensdauern der beteiligten Energieniveaus abhängt:

$$N_2 - N_1 = p \cdot (\tau_2 - \tau_1) \qquad (34)$$

Diese Gleichung wird als „Grundgleichung des Lasers" bezeichnet und sagt aus, dass dann Lichtverstärkung möglich ist, wenn die Lebensdauer des oberen Energieniveaus größer ist als die des unteren.

Unter der Annahme, dass zu verstärkendes Licht gleichzeitig mit dem Pumpen auf die Atome einwirkt, $\sigma > 0$, erhält man aus Gleichung (32) und Gleichung (33) die folgenden Gleichungen für die Besetzungsdichte, wobei die Energiedichte der Strahlung σ durch die Intensität I ersetzt wurde:

$$N_1 = \frac{p + B_{12} \cdot N_2 \cdot g_0(f) \cdot \left(\frac{I}{c}\right)}{\left(\frac{1}{\tau_1}\right) + \left(\frac{I}{c}\right) \cdot B_{21} \cdot g_0(f)} \qquad (35)$$

$$N_2 = \frac{p + B_{21} \cdot N_1 \cdot g_0(f) \cdot \left(\frac{I}{c}\right)}{\left(\frac{1}{\tau_2}\right) + \left(\frac{I}{c}\right) \cdot B_{21} \cdot g_0(f)} \qquad (36)$$

Damit zeigt sich, dass mit steigender Energiedichte σ oder Intensität I die Differenz der Besetzungszahl immer kleiner wird und schließlich gegen Null geht, womit dann auch keine Lichtverstärkung zu erzielen ist, selbst wenn anfänglich Inversion vorgelegen wäre, ein Zustand, den man als „Sättigung" bezeichnet (siehe auch [3]).

1.4   Elektrische Gasentladungen

Gase sind normalerweise sehr gute Isolatoren und können praktisch keinen Strom leiten. Bringt man in einem Gas aber zwei metallische Elektroden im Abstand d an (siehe Abb. 1.4.1.) und verbindet diese mit dem positiven und dem negativen Pol einer Spannungsquelle (Spannung U), so baut sich zwischen den Elektroden ein elektrisches Feld mit der Feldstärke

$$F = U/d \qquad\qquad\qquad (37)$$

auf. Ist diese Feldstärke groß genug, so können die wenigen, aber immer vorhandenen, durch Höhenstrahlung erzeugten Elektronen, die zur positiven Elektrode hin beschleunigt werden, zwischen zwei Zusammenstößen mit Atomen so viel Energie gewinnen, dass sie beim nächsten Zusammenstoß dem gestoßenen Atom die Ionisierungsenergie $e \cdot \varphi_i$ (e Elementarladung des Elektrons, φ_i Potential = Spannung in Volt) zuführen, womit ein Elektron vom Atom abgerissen wird. Das stoßende Elektron bleibt dabei erhalten, sodass sich nach dem ionisierenden Stoß zwei Elektronen zur positiven Elektrode hin bewegen. Die beiden Elektronen werden dann wiederum beschleunigt und führen weitere Ionisationen von Atomen aus, womit sich schließlich eine ständig anschwellende Lawine von Elektronen zur positiven Anode hin bewegt (siehe Abb. 1.4.1.). Übrigens bleiben nach jeder Ionisation positiv geladene Atome – positive Ionen – übrig, die sich dann zur negativen Elektrode, der Katode, hin bewegen. Nach kurzer Zeit ist dann ein Teil der Gasatome in negative Elektronen und positive Ionen – also Ladungsträger, die Strom transportieren können – gespalten und es kommt ein schwacher Stromfluss zwischen den Elektroden zu Stande, was als „Zündung" einer Gasentladung bezeichnet wird. Das Wort Gasentladung geht dabei darauf zurück, dass ursprünglich derartige Zündungen mittels auf hohe Spannungen geladener Kondensatoren ausgeführt wurden. Das ionisierte Gas mit freien Elektronen und positiven Ionen wird als „Plasma" bezeichnet.

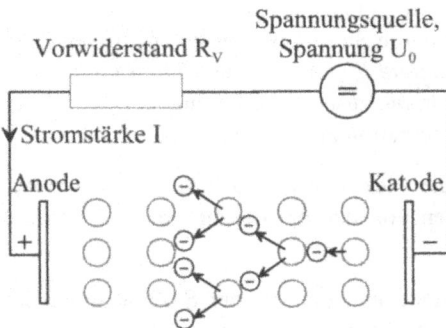

Abb. 1.4.1.: Elektronenlawine durch Stoßionisation

Mit der mittleren freien Weglänge w, die den mittleren Abstand zwischen zwei Atomen angibt und die selbstverständlich dem Gasdruck p indirekt proportional ist, erhält man für die Zündspannung U_Z folgende Beziehung:

$$U_Z = \varphi_i \cdot d/w \approx \varphi_i \cdot pd \qquad\qquad (38)$$

Die Zündspannung steigt also mit dem Elektrodenabstand und dem Druck des Gases an und liegt für Luft bei einem Elektrodenabstand von 1mm in der Größenordnung von 1000 Volt.

Wie in Abb. 1.4.1. gezeigt, wird üblicherweise zur Vermeidung von zu großen Strömen, die zu einer Zerstörung der Elektroden führen würden, ein hoher elektrischer Widerstand zwischen die Spannungsquelle und die Elektroden geschaltet, womit nach Einsetzen der Zündung und Ausbildung des aus negativen Elektronen und positiven Ionen bestehenden Plasmas nur ein kleiner Strom fließen kann.

Wird nun nach erfolgter Zündung dieser Vorwiderstand reduziert, so verringert sich dessen Spannungsabfall und bei konstanter Spannung des Netzgerätes steigt die Spannung an den Elektroden an, womit auch die Feldstärke zwischen den Elektroden steigt und die Elektronen schneller zur Anode und die Ionen schneller zur Katode hin fließen, was bedeutet, dass der Stromfluss (Stromstärke I) steigt.

Erreichen nun die positiven Ionen die negative Katode mit einer größeren Geschwindigkeit und daher größeren kinetischen Energie, so führen sie dieser damit Energie zu, so dass sie sich erhitzt und die Elektronen, die durch den Stromfluss von der Spannungsquelle der Katode zugeführt werden, in der Katode genügend kinetische Energie gewinnen, um sich aus der Anziehung der positiven Atomkerne im Gitter der Katode befreien und damit die Katode verlassen zu können.

Der Stromübergang von der Katode in das Plasma findet also durch Energiezufuhr zu den Elektronen in der Katode statt. Die an der Katode emittierten Elektronen bewegen sich dann im Plasma zur positiven Anode hin, wobei sie aber durch Zusammenstöße mit Gasatomen ihre kinetische Energie verlieren und daher durch das zwischen den Elektroden herrschende elektrische Feld F wieder beschleunigt werden müssen. Außerdem erleidet die Zahl der Elektronen, die sich von der Katode zur Anode hin bewegen, einige Verluste, da die negativen Elektronen von positiven Ionen eingefangen werden und mit diesen zu neutralen Gasatomen rekombinieren. Aus diesem Grunde müssen durch Stoßionisation von neutralen Gasatomen entweder durch *von der Feldstärke beschleunigte Elektronen* oder durch *infolge der Erhitzung durch den Stromfluss rasch bewegte Gasatome* zusätzliche Ladungsträger erzeugt werden, um die Verluste an Elektronen durch Rekombination zu kompensieren.

Der Elektronenstrom erreicht dann die Anode, wo die Elektronen einfach in die Metalloberfläche eintreten können, sodass dann die Elektronen von der Anode zur Spannungsquelle weiterfließen können.

Was nun die Emission der Elektronen aus der Katode und die Art der Stoßionisation im Inneren des Plasmas betrifft, so muss man hier eine Unterscheidung nach dem Gasdruck treffen:

Ist der *Gasdruck relativ klein*, so sind pro Volumeneinheit nur wenige Gasatome und daher auch positive Ionen vorhanden und die Energiezufuhr zur Katode durch Letztere ist so gering, dass es zu keiner nennenswerten Erwärmung kommt. Die Elektronenemission findet in diesem Fall dadurch statt, dass die Anziehung zwischen den Elektronen im Metall und den sich der Katode nähernden positiven Ionen so groß wird, dass sie die Anziehung der Elektronen durch die positiven Atomkerne im Gitter des Metalls überwiegt. Wegen der infolge des kleinen Drucks nur wenigen pro Volumeneinheit vorhandenen positiven Ionen und entsprechend auch wenigen negativen Elektronen ist der Strom pro Flächeneinheit, also die Stromdichte J, relativ klein, so dass auch nur eine geringe Erwärmung des Gases zwischen den Elektroden stattfindet. Damit kommt eine Ionisation durch das Zusammenstoßen rasch bewegter Gasatome nicht in Frage und die Stoßionisation findet nur durch die mittels der elektrischen Feldstärke zwischen den Elektroden beschleunigten freien Elektronen statt.

Ganz anders ist die Situation bei *relativ hohen Gasdrücken* im Atmosphärenbereich:

Hier sind sehr viele Gasatome und damit auch positive Ionen pro Volumeneinheit vorhanden und die Katode ist einem intensiven Bombardement durch diese ausgesetzt, sodass sie sich stark erhitzt, womit die Elektronen im Metall eine so hohe kinetische Energie annehmen, dass sie sich aus der Anziehung durch die positiven Atomkerne des Gitters befreien und damit die Katode verlassen können. Dabei kann die Katode durchaus Temperaturen von wenigen Tausend Grad annehmen.

Die Stoßionisation durch schnelle Elektronen, die bei *niedrigem Gasdruck* stattfindet, kommt dadurch zu Stande, dass diese beim Durchlaufen der – infolge des kleinen Drucks relativ großen – freien Weglänge stark beschleunigt werden und mit den nur wenigen Gasatomen nur selten zusammenstoßen und dabei Energie verlieren, sodass sie insgesamt eine hohe kinetische Energie annehmen, die größer als die Ionisierungsenergie ist und es daher erlaubt, Atome zu ionisieren. Diese hohe kinetische Energie kann durch eine hohe Elektronentemperatur T_e beschrieben werden, die bei den Verhältnissen des niedrigen Drucks viele 1000 K betragen kann, während das Gas zwischen den Elektroden nur eine Temperatur von wenig über 100 K erreicht.

Die zahlreichen, bei *hohem Gasdruck* pro Volumeneinheit vorhandenen Gasatome und damit auch zahlreichen positiven Ionen und negativen Elektronen führen zu einer hohen Stromdichte J, was infolge der „Reibung" der Ladungsträger mit den Gasatomen zur Erzeugung von Wärme und damit zu einer starken Temperaturerhöhung des Gases zwischen den Elektroden führt. Dabei kann das Gas bei hohem Druck Temperaturen T bis zu einigen 1000 K annehmen, wobei die Elektronen etwa die gleiche Temperatur erreichen, da sie infolge der wegen des hohen Drucks und der kleinen freien Weglänge sehr häufigen Zusammenstöße mit Gasatomen „thermalisiert" werden, was bedeutet, dass sich Temperaturunterschiede zwischen den beiden Teilchenarten ausgleichen.

Unter den Verhältnissen des *niedrigen Gasdrucks* und der wenigen Gasatome pro Volumeneinheit finden auch, wie schon gesagt, nur wenige Stöße zwischen Elektronen und Gasatomen statt, wobei es bei diesen Stößen nicht nur zur notwendigen Ionisation – wie oben beschrieben – sondern auch zur Anregung von Energieniveaus kommt. Die durch den Stoß der Elektronen zugeführte Anregungsenergie wird dann in Form von Licht wieder abgegeben.

Aus diesem Grunde zeigt das Plasma ein Leuchten. Da nur wenige Gasatome pro Volumeneinheit vorhanden sind, ist diese Lichtemission aber relativ schwach, sodass man von einer „Glimmentladung" spricht.

Hingegen sind aber unter den Verhältnissen *hohen Drucks* sehr viele Gasatome vorhanden, die außerdem in Folge der hohen Temperatur eine sehr hohe kinetische Energie aufweisen, womit sehr viele und heftige Zusammenstöße zwischen den Gasatomen stattfinden. Bei diesen Zusammenstößen werden nun abgesehen von Ionisierungen auch wieder Anregungen zu höheren Energieniveaus durchgeführt, was zur Emission von Licht – ähnlich wie bei der Glimmentladung – führt. Da hier allerdings die Zahl der beteiligten Gasatome viel höher ist als bei niedrigem Druck, kommt eine intensive Leuchterscheinung zu Stande.

Unter den Verhältnissen hohen Druckes wird, wie gesagt, die Stromdichte im Plasma sehr hoch. Bei gegebenem Vorwiderstand zwischen Elektroden und Spannungsquelle ist der Stromfluss über die Gasentladung aber begrenzt, sodass sich der Querschnitt des Stromflusses verringern muss. Damit kommt bei hohem Druck ein dünnes, säulenartiges Plasma, das von der Katode zur Anode führt, zu Stande. Diese Plasmasäule ähnelt einem die Elektroden verbindenden elektrischen Leiter, der ein Magnetfeld erzeugt, das seinerseits auf die im Lei-

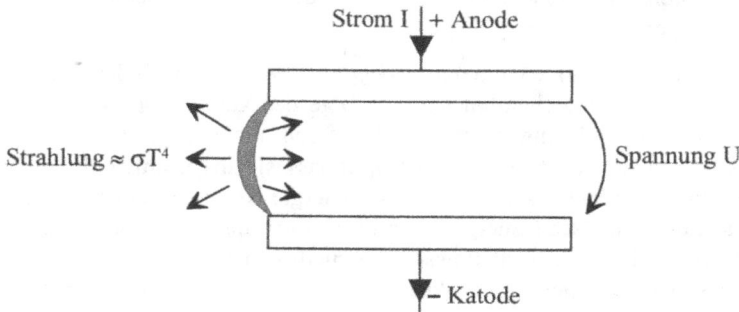

Abb. 1.4.2.: Lichtbogen

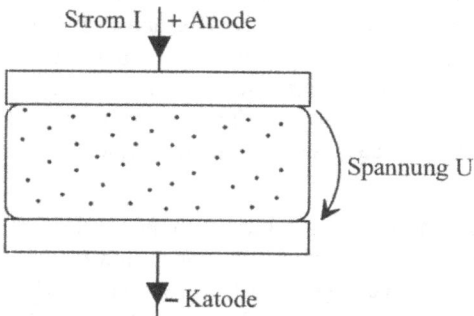

Abb. 1.4.3.: Glimmentladung

ter fließenden Elektronen eine Kraft (die Lorentzkraft) ausübt, die den Leiter bei genügend hohem Strom zum Rand der Elektroden hin bewegt und ihn dann, da seine elektrodischen Fußpunkte nicht weiter wandern können, nach außen hin bogenförmig verbiegt, womit die Bezeichnung „Lichtbogen" oder auch „Bogenentladung" für das Plasma bei hohem Gasdruck verständlich wird (Abb. 1.4.2.).

Die oben beschriebene Kontraktion des Stromflusses tritt bei niedrigem Druck, bei dem eine Glimmentladung zu Stande kommt, nicht auf, sodass diese den Raum zwischen den Strom führenden Elektroden homogen ausfüllt (Abb. 1.4.3.).

Infolge der hohen Gastemperatur im Lichtbogen findet eine sehr kräftige Abstrahlung (steigt mit T^4) statt. Die *Energiebilanz des Lichtbogens* umfasst daher die durch den Stromfluss zugeführte Energie UI und die durch Strahlung σT^4 (σ Strahlungskonstante) sowie die an die beiden Elektroden abgegebene Energie.

Die an die Katode abgegebene Energie wird durch die kinetische Energie der auf diese Elektrode auftreffenden positiven Ionen abzüglich der Energie, die zum Austritt der zu ihrer Neutralisation notwendigen Elektronen aus der Katode (der so genannten „Austrittsarbeit" $e \cdot \varphi_a$, e Elementarladung eines Elektrons, φ_a hat Dimension eines Potentials = Spannung in Volt) pro Elektron aufgewendet werden muss, bestimmt.

Da jedes aus der Katode austretende Elektron nach dem Verlassen dieser Elektrode mindestens einmal ionisieren muss, um Ionen zu erzeugen, die für die Elektronenemission der Katode nötig sind, muss die Spannung am Lichtbogen mindestens gleich der Ionisierungsenergie $e \cdot \varphi_i$ sein, womit die kinetische Energie jedes auf die Katode auftreffenden Ions in grober Näherung $e \cdot \varphi_i$ beträgt (detaillierte Erklärung siehe Abb. 1.4.4.).

Dabei muss noch berücksichtigt werden, dass der Stromanteil der Ionen im Plasma sehr klein, praktisch Null ist, da die positiven Ionen eine viel größere Masse als die Elektronen haben und damit viel mehr Reibung als die Gasatome erfahren und sich dementsprechend viel langsamer zur Katode hin bewegen. In der Nähe der Katode wird dieser Ionenstromanteil größer, da die Ionen dann in Folge des negativen Potentials dieser Elektrode beschleunigt werden. In diesem Bereich kann man in grober Näherung davon ausgehen, dass der Elektronen- und Ionenstrom gleich groß sind, da ja jedes Ion ein Elektron zur Neutralisation benötigt. Diese ist zum notwendigen Verschwinden der Ionen an der Katode, in die sie wegen ihrer großen Masse nicht eintreten können, erforderlich. An der Anode beträgt übrigens der Elektronenstromanteil praktisch 100%, da aus der Elektrode keine Ionen austreten können.

Auch der Anode wird Energie zugeführt, und zwar durch die kinetische Energie der in sie eintretenden Elektronen zuzüglich der dabei frei werdenden Austrittsarbeit. Dabei wird die kinetische Energie der Elektronen durch die Temperatur des Plasmas T bestimmt.

Die Zahl der Elektronen, die pro Zeiteinheit durch die Querschnittsfläche den Bogen durchtreten, beträgt übrigens den elektronischen Stromanteil I_e dividiert durch die Elementenladung e. Analoges gilt für den ionischen Stromanteil I_i.

Katode   Plasma

Ionisationszone

Beschleunigung Elektr.

El.   Elektr.   Elektr.

– Elektronen

⊖
⊕

El.   Ionen   Ionen

Beschleunigung Ionen

$U \geqq \varphi_i$

eine freie Weglänge →

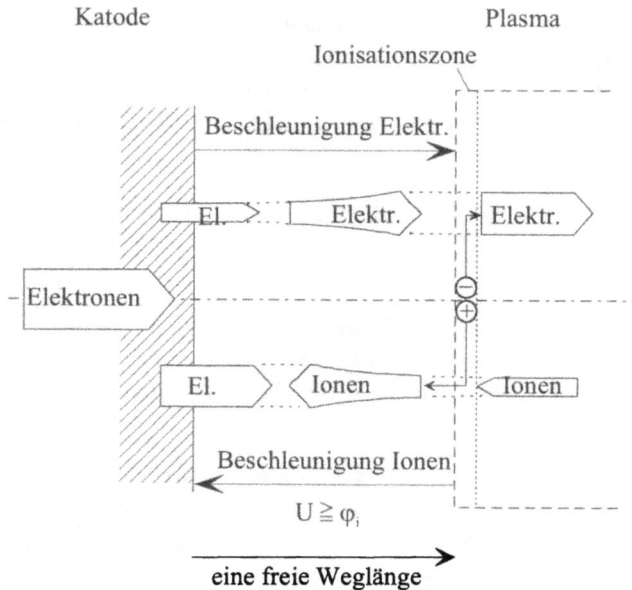

Katode:	Freie Weglänge:	Ionisationszone:	Plasma:
Emission von Elektronen durch Ionenbeschuss	Durch Spannung φ_i werden Elektronen zum Plasma hin beschleunigt, Ionen werden zur Katode hin beschleunigt.	Elektronen ionisieren, dadurch erzeugte Elektronen verstärken Elektronenstrom im Plasma, erzeugte Ionen verstärken Ionenstrom zur Katode	gleiche Zahl von Elektronen und Ionen Elektronenstromanteil ≫ Ionenstromanteil

Abb. 1.4.4.: Vorgänge in der Nähe der Katode eines Lichtbogens

Mit diesen Überlegungen ergibt sich für die der Katode pro Zeiteinheit zugeführte Energie bei Vernachlässigung der absorbierten Strahlungsenergie (elektronischer und ionischer Stromanteil I_e, I_i an der Katode ungefähr gleich groß):

$$E_K = e \cdot \varphi_i \cdot (I_i/e) - e \cdot \varphi_a \cdot (I_e/e) = (\varphi_i - \varphi_a) \cdot I/2 \qquad (39)$$

Für die der Anode pro Zeiteinheit zugeführte Energie ergibt sich wieder unter Vernachlässigung der Absorption von Strahlung (Nullsetzen des ionischen Stromanteils an der Anode) mit der kinetischen Energie der in diese Elektrode eintretenden Elektronen gleich $3/2kT$:

$$E_A = (3/2kT + e \cdot \varphi_a) \cdot I/e \qquad (40)$$

Die an der Außenfläche des Bogens (Radius R, Länge d) abgestrahlte Energie beträgt nach dem Strahlungsgesetz mit der Emissivität ε

$$E_{Str} = \varepsilon \sigma T^4 \cdot 2\pi \cdot R \cdot d \qquad\qquad (41)$$

Die Temperatur des Plasmas kann mit $T = 5000\ °C$ ausgesetzt werden, da bei dieser Temperatur schon eine nennenswerte Ionisierung der Atome einsetzt.

Damit erhält man schließlich die folgende Energiebilanz (Spannung U, mindestens gleich der Ionisierungsenergie φ_i):

$$U \cdot I = E_K + E_{Str} + E_A \qquad\qquad (42)$$

Damit kann bei gegebenem Strom I die Spannung am Bogen U sowie die Erwärmung der beiden Elektroden abgeschätzt werden, wobei allerdings noch eine Annahme über den Radius des Bogens getroffen werden muss. Da der Bogen meist zwischen einer stiftförmigen Elektrode und der ausgedehnten Werkstückoberfläche brennt, kann der Bogenradius gleich dem Radius der Elektrode angesetzt werden.

Mit der Emissivität des Plasmas $\varepsilon \approx 0,1$ der Strahlungskonstanten $\sigma = 5,67 \cdot 10^{-8}\ W/m^2$ grad^4, der Austrittsarbeit $\varphi_a = 5\ V$, der Ionisierungsenergie $e \cdot \varphi_a = e \cdot 20\ VAs$, einer Bogenlänge von 5 mm, einem Bogenradius von 1 mm und der für Stoßionisation mindestens nötigen Temperatur von $T = 5000\ °C$ ergibt sich mit obigen Gleichungen bei einem Strom von $I = 500\ A$ eine Spannung von $U = 20,87\ V$ ($E_{Str} = 111\ W$, $E_a = 2800\ W$ und $E_k = 7500\ W$). Siehe auch [5] und [6].

2 Elektrische Bearbeitungsverfahren

2.1 Funkenerosion

2.1.1 Verfahrensprinzip

Das elektrisch leitende Werkstück ist gemeinsam mit einer als Werkzeug dienenden Elektrode (siehe Abb. 2.1.1) in einer isolierenden Flüssigkeit, einem nicht leitenden „Dielektrikum", angeordnet. Zwischen die Werkzeugelektrode und das Werkstück wird nun die von einer Stromquelle erzeugte pulsförmige Spannung angelegt, die in den Impulsspitzen so hoch ist, dass eine Gasentladung gezündet wird, wobei zunächst das flüssige Dielektrikum verdampft und die Zündung im Dampf erfolgt. Die Stromquelle liefert dabei einen so hohen Strom, dass eine Bogenentladung zu Stande kommt. Diese Bogenentladung erwärmt die Fußpunkte auf dem Werkstück und der Werkzeugelektrode so stark, dass dort Material verdampft und beide Elektroden in Form eines kleinen Kraters abgetragen werden. Dabei kann durch passende Kombination des Werkstückmaterials und des Materials der Werkzeugelektrode eine Abtragung praktisch nur am Werkstück erreicht werden.

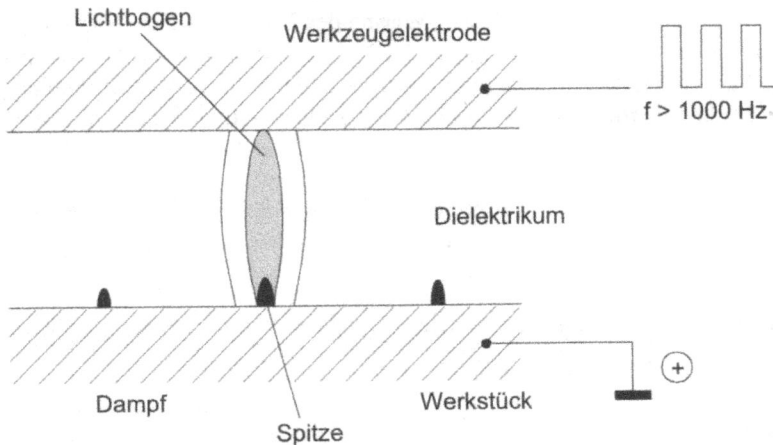

Abb. 2.1.1.: Mechanismus der Funkenerosion

Der Lichtbogen erlischt nach der kurzen Zeit von wenigen Millisekunden beim Ende des Impulses, so dass kein kontinuierlich brennender Lichtbogen, sondern nur ein „Funken" zu Stande kommt.

Beim Eintreffen des nächsten Spannungsimpulses findet dann wieder die Zündung eines Funkens statt, und zwar an einer Stelle mit bevorzugten Bedingungen. Diese wären etwa heiße Stellen auf den Elektroden, wo die Elektronemission erleichtert wird, oder ein besonders kleiner Abstand zwischen den Elektroden, wo damit die elektrische Feldstärke besonders hoch ist. Heiße Stellen an den Elektroden rühren natürlich von den Fußpunkten des zuletzt gezündeten Funkens her, so dass die Funken immer wieder an derselben Stelle zünden würden und damit eine Abtragung nur an einer Stelle des Werkstücks stattfinden würde. Dies wird durch die kühlende Wirkung des Dielektrikums verhindert. Damit kann der nächste Funke nur an der Stelle überspringen, wo der Abstand von Werkstück und Werkzeug noch am kleinsten ist und wo das Werkstück noch nicht so stark wie in der Umgebung abgetragen wurde. Damit zündet der Funken bei jedem Impuls immer wieder an einer Stelle, wo noch zu wenig abgetragen wurde und es kommt eine sehr gleichmäßige Abtragung des Werkstücks zu Stande. Um eine gute Kühlung durch das Dielektrikum zu erzielen, strömt dieses zwischen Werkstück und Werkzeug durch, womit es auch in der Lage ist, die Abtragsprodukte zu entfernen. Da sich das Dielektrikum einerseits damit erwärmt und andererseits verunreinigt wird, wird es in einem geschlossenen Kreislauf gefiltert und gekühlt.

2.1.2   Rechenmodell der Funkenerosion

Zunächst soll abgeschätzt werden, welches Werkstückvolumen während eines Impulses der Betriebsspannung, also durch einen einzelnen Funken, abgetragen wird: Dabei soll davon ausgegangen werden, dass der Fußpunkt des Funkens am Werkstück zum Zeitpunkt der Zündung auf Raumtemparatur ist und dass die dem Funken zugeführte Energie zu 100% dem Werkstück zugute kommt, weil die Werkstück-/Elektrodenkonfiguration so gewählt wurde, dass an der Werkzeugelektrode nur minimale Erosion stattfindet und ihr daher nur wenig Energie zugeführt wird. Mit Dichte und spezifischer Wärme des Werkstücks ρc_v, dem Verdampfungspunkt T_v und unter der Vernachlässigung der Wärmeleitung infolge der kurzen Dauer des Funkens erhält man mit der Funkenspannung U und dem Strom über dem Funken I sowie der Dauer des Funkens τ folgenden Ausdruck für das als abgetragen angenommene Volumen:

$$V_p = \frac{I \cdot U \cdot \tau}{\rho \cdot c_v \cdot T_v} \tag{44}$$

Für den Radius h des als halbkugelförmig angenommenen abgetragenen Volumens ergibt sich:

$$h = \sqrt[3]{\frac{3}{2\pi} \cdot \frac{I \cdot U \cdot \tau}{\rho \cdot c_v \cdot T}} \tag{45}$$

Damit ist auch die Höhe des abgetragenen Volumens gleich h.

Schließlich ergibt sich mit der Frequenz f der gepulsten Betriebsspannung das pro Zeiteinheit abgetragene Volumen dV/dt:

$$\frac{dV}{dt} = \frac{I \cdot U \cdot \tau \cdot f}{\rho \cdot c_v \cdot T_v} \qquad (46)$$

Gleichung (46) liefert aufgrund der sehr groben Näherung nur einen theoretischen Grenzwert, der in der Praxis nicht erzielt werden kann. Diese Gleichung zeigt dennoch den Einfluss aller wichtigen Prozessparameter.

Nach dem kompletten Abtragen einer Schicht mit der Höhe h bleibt eine periodische Struktur mit Spitzen und halbkugelförmigen Tälern an der Werkstückoberfläche übrig, wobei die Rautiefe auch wieder durch den oben berechneten Radius h bestimmt wird. Geht nun allerdings die Abtragung weiter, so werden die Funken stets an den besagten Spitzen zünden, so dass diese abgetragen werden und damit die Rautiefe der Struktur verringert wird. Diese Verringerung findet nun von abgetragener Schicht zu abgetragener Schicht statt, so dass die Rauigkeit mit zunehmend abgetragenem Volumen immer kleiner wird. Geht man ganz grob abgeschätzt davon aus, dass bei jeder abgetragenen Lage die Rauigkeit um einen Faktor 2 kleiner wird, so werden bereits nach fünf abgetragenen Schichten Rauigkeiten in der Größenordnung von Mikrometern erzielt, was allerdings nicht realistisch ist, da bei weiterer Abtragung in einer sehr glatten Oberfläche neuerlich Krater gebildet werden müssen, so dass die Rauigkeit dann wieder zunimmt.

Zahlenbeispiel: $U = 100\,\text{V}$, $I = 100\,\text{A}$, $\tau = 100\,\mu\text{s}$, $f = 1\,\text{kHz}$

$\rho \cdot c_v = 50\,\text{J/mm}^3$ (Stahl)

$h = 0{,}2\,\text{mm}$, $dV/dt = 20\,\text{mm}^3/\text{s}$

2.1.3   Prozessvarianten

Senkerodieren mit geometriebestimmender Elektrode
Bei diesem Verfahren wird eine Werkzeugelektrode verwendet, deren Form der im Werkstück herzustellenden Ausnehmung entspricht, wobei bei der Auslegung dieser Elektrode eine gewisse Abnützung durch Erosion berücksichtigt werden muss.

Diese Elektrode wird nun durch eine lineare Vorschubeinrichtung mit zunehmender Abtragung in Richtung zur Werkstückoberfläche hin und in die schon hergestellte Ausnehmung hinein bewegt (siehe Abb. 2.1.2.), so dass der Boden der Ausnehmung immer weiter in das Werkstück eingesenkt wird. Typische Abtragsraten sind bei Stahl 30 mm^3/min ($I = 16\,\text{A}$, $U = 150\,\text{V}$, $\tau = 100\,\mu\text{s}$, $f \approx 6\,\text{kHz}$).

Abb. 2.1.3. zeigt eine industrielle Senkerodiermaschine und Abb. 2.1.5. ein damit hergestelltes Werkstück.

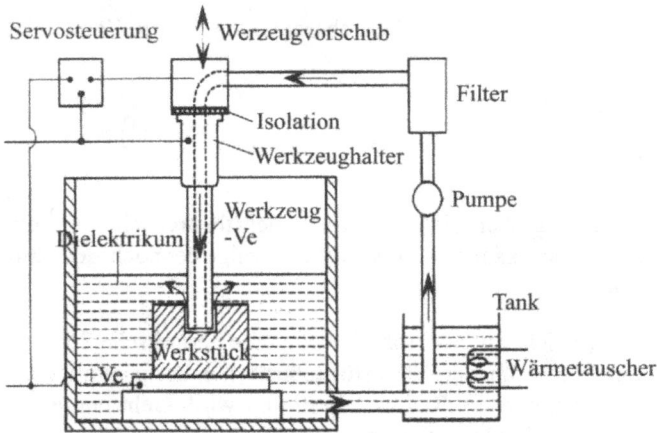

Abb. 2.1.2.: Gesamtaufbau einer Funkenerodieranlage

Abb. 2.1.3.: Industrielle Senkerodiermaschine samt Werkzeug

Senkerodieren mit geometriebestimmender Bewegung

Um mehr oder weniger beliebige Ausnehmungsgeometrien ohne eigens hergestelltes Werkzeug erzeugen zu können, kann auch eine Elektrode in Form eines dünnen, runden Stabes verwendet werden (siehe Abb. 2.1.4.), wobei diese dann sowohl in Richtung Werkstückoberfläche als auch parallel zu ihr, dabei in beide möglichen Richtungen, bewegt werden kann.

Abb. 2.1.4.: Erodierelektrode mit planetärer Bewegung

Die Funken springen dann von der Stirnseite und vom zylindrischen Rand der Elektrode zum Werkstück über.

Um eine ungleichmäßige Abnützung des Umfanges der Werkzeugelektrode zu vermeiden, wird diese um ihre eigene Achse gedreht. Die resultierende Gesamtbewegung der Werkzeugelektrode bezeichnet man als „planetäre Bewegung".

Drahterosion
Will man mit Hilfe der Funkenerosion nicht dreidimensionale Ausnehmungen herstellen, sondern zweidimensionale Schnitte, so verwendet man einen dünnen Draht (siehe Abb. 2.1.6.), der als Werkzeugelektrode dient und zwischen dem und Werkstück über dessen volle Dicke im Bereich des Drahtes Funken überspringen. Damit wird das Material im Bereich der Projektion des Drahtes auf die Stirnfläche des Werkstückes abgetragen, womit ein Einschnitt mit einer Breite entsprechend der sehr kleinen Drahtdicke zu Stande kommt. Wird nun der Draht relativ zum Werkstück in einer zur Werkstückoberfläche parallelen Ebene in zwei Richtungen bewegt, so kann eine beliebige Kontur ausgeschnitten werden. Da der Draht ebenfalls Erosion erleidet und daher infolge der damit verbundenen Querschnittsreduktion

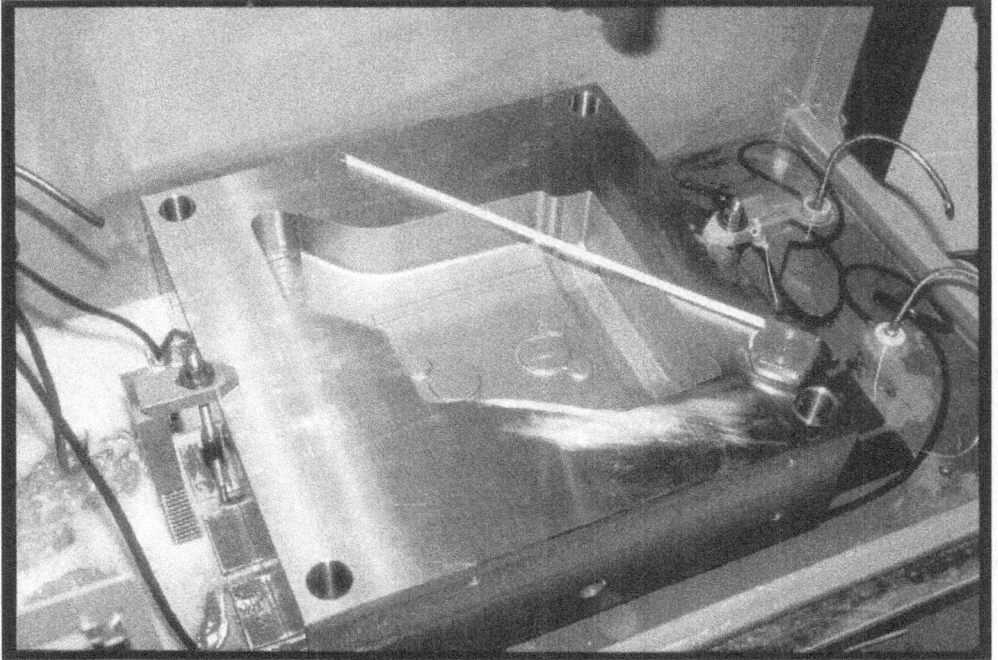

Abb. 2.1.5.: Spritzgussform, hergestellt durch Senkerodieren

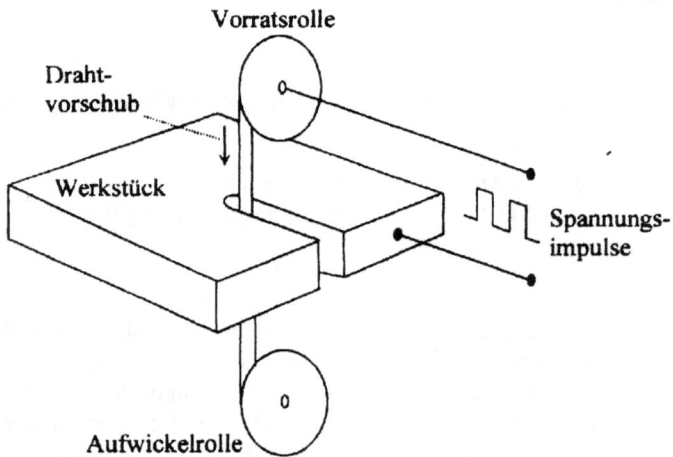

Abb. 2.1.6.: Prinzip des Drahterodierens

zum Abreißen neigt, wird er während des Erosionsvorganges laufend von einer Vorratsspule abgewickelt und auf eine zweite Spule wieder aufgewickelt. Mit diesem Drahterosionsverfahren kann man sehr dicke Werkstücke bis zu mehreren Dezimetern Dicke mit hoher Qualität, d.h. kleiner Schnittbreite und geringer Rauigkeit schneiden, wobei allerdings die Vorschubgeschwindigkeit nur sehr gering sein kann. Typische Drahtdicken sind 20–250 µm und Schneidleistungen ($v \cdot d$) sind 10 mm^2/min.

Abb. 2.1.7. zeigt eine am Markt erhältliche Drahterodiermaschine, Abb. 2.1.8. den Abtragungsprozess und Abb. 2.1.9. ein damit hergestelltes Werkstück.

2.1.4   Abnützung der Werkzeugelektrode

Die folgende Tabelle zeigt für zwei verschiedene Elektrodenmaterialien den relativen Elektrodenverschleiß für „Schruppabtrag" (rasche, grobe Abtragung) und „Schichtabtrag" (langsame, feine Abtragung).

Tab. 1.: Relativer Elektrodenverschleiß für Graphit- und Kupferelektroden in Stahl für zwei verschiedene (mittlere) Entladungsströme

Elektrodenmaterial	Relativer Elektrodenverschleiß (%)	
	Schlichtabtrag (I = 3 A)	Schruppabtrag (I = 20 A)
Graphit	18.7	**4.3**
Kupfer	**1.1**	9.0

Abb. 2.1.7.: Industrielle Drahterodiermaschine

Photo: Fa Charmilles Technologies

Abb. 2.1.8.: Drahterosionsvorgang

Abb. 2.1.9.: Durch Drahterosion hergestelltes Werkstück

2.1.5 Anwendungen der Funkenerosion

Die hauptsächlichen Anwendungen der Funkenerosion liegen im Bereich des Werkzeugbaus, da dort oft große Werkstückdicken (bedingt durch die in der Umformtechnik einwirkenden hohen Kräfte) sowie eine hohe Oberflächenqualität (etwa in der Umformtechnik, um zu starke Reibung zwischen dem Werkstück und den Werkzeugen zu verringern) und auch komplizierte Geometrien (etwa bei Spritzgussformen) benötigt werden. Die sehr kleine Herstellungsgeschwindigkeit bedingt einen hohen Preis, was beides allerdings im Werkzeugbau keine große Rolle spielt und durchaus üblich ist. Für eine Serienfertigung kommt die Funkenerosion wegen dieser Nachteile nicht in Frage, wobei die oben erwähnten Werkzeuge ja nur in sehr kleinen Stückzahlen hergestellt werden, da man mit ihnen sehr viele Werkstücke herstellen kann, siehe [7].

2.2 Lichtbögen und Plasmastrahlen

2.2.1 Lichtbögen

Elektrische Lichtbögen, die zwischen einer Werkstückelektrode und einem Werkstück brennen, führen diesem wie schon oben festgestellt einen großen Teil der in ihnen umgesetzten elektrischen Energie zu, so dass das Werkstück geschmolzen und gar verdampft werden kann. Damit können beispielsweise Schweißvorgänge ausgeführt werden, wobei allerdings infolge der relativ großen Ausdehnung der Fußpunktfläche des Bogens am Werkstück der geschmolzene Bereich relativ groß ist und damit auch die Schweißnahtbreite groß wird. Will man den Spalt der zu verschweißenden Werkstücke mit einem Zusatzmaterial auffüllen, so kann man eine Elektrode verwenden, die durch die Erwärmung des Lichtbogens abschmilzt und sich dann tröpfchenförmig im Spalt zwischen den Werkstücken niederlässt. Um eine Oxidation des Werkstücks, die die Festigkeit durch die Bildung von Schlacke in der Schweißnaht verringern würde, zu vermeiden, bläst man außerdem ein inertes Gas auf den Bearbeitungspunkt. Dieses Verfahren wird als MIG (Metall Inert-Gas)-Schweißen bezeichnet (siehe Abb. 2.2.2.).

Verwendet man hingegen eine Elektrode aus hochtemperaturfestem Material, etwa Wolfram, so schmilzt diese Elektrode nicht auf. Man kann dann allerdings auch den Schweißspalt nicht auffüllen und somit nur kleinere Spaltbreiten überbrücken. In diesem Fall spricht man vom WIG-(Wolfram Inert-Gas-)Schweißen.

2.2.2 Plasmastrahl

Will man eine sehr schmale Schweißnaht realisieren, um die gesamte Wärmeeinbringung, die ja dem pro Zeiteinheit aufgeschmolzenen Volumen und damit der Breite der Schweißnaht und der Dicke des Werkstücks proportional ist, zu verringern, so muss man den Lichtbogen auf der Oberfläche des Werkstücks fokussieren. Dies kann dadurch erfolgen, dass der Lichtbogen, der wieder zwischen einer Wolframelektrode und dem Werkstück brennt, durch

Plasmabrenner

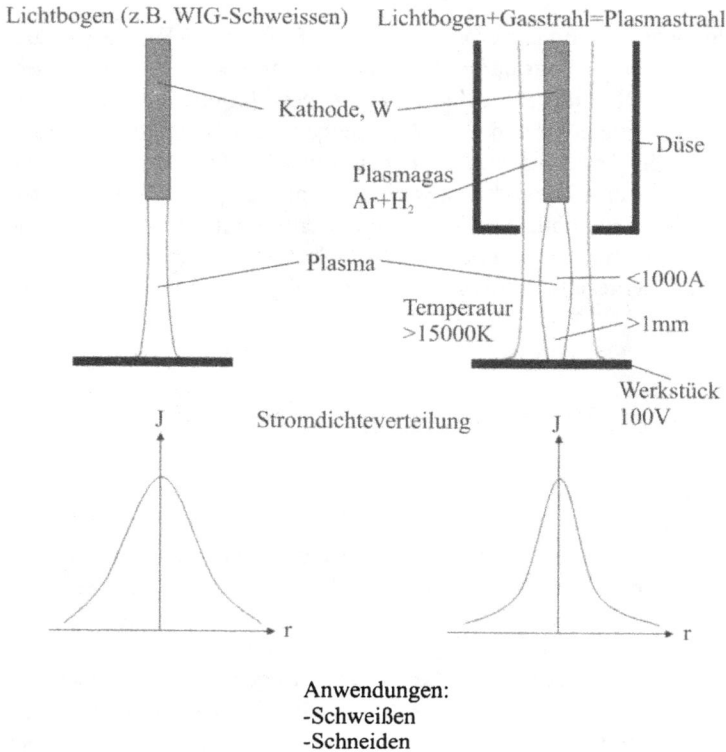

Lichtbogen (z.B. WIG-Schweissen)   Lichtbogen+Gasstrahl=Plasmastrahl

Kathode, W

Düse

Plasmagas
Ar+H$_2$

Plasma

<1000A

Temperatur
>15000K

>1mm

Werkstück
100V

J   Stromdichteverteilung   J

r   r

Anwendungen:
-Schweißen
-Schneiden

Abb. 2.2.1.: Lichtbogen und Plasmastrahl

ein kaltes Gas mit hoher Geschwindigkeit angeströmt wird (siehe Abb. 2.2.1.), was dazu führt, dass er an seiner Oberfläche, abgesehen von der Strahlung, noch zusätzlich durch das strömende Gas gekühlt wird und sich, um mit der zugeführten elektrischen Leistung weiter brennen zu können, zusammenzieht und damit die gekühlte Oberfläche verringert. Einen derartigen Lichtbogen bezeichnet man als „Plasmastrahl". Verwendet man zusätzlich noch ein Schutzgas zur Vermeidung der Oxidation des Schweißgutes, so gelangt man zu einem Plasmabrenner, bei dem in der Mitte eine zentrale Wolframelektrode den Lichtbogen erzeugt. Die diese Elektrode umgebende Düse erzeugt den fokussierenden Gasstrahl und eine weitere, zu der ersten Düse koaxiale Düse führt das notwendige Schutzgas zu (siehe Abb. 2.2.3.).

Wird das Plasma zwischen Wolframelektrode und Werkstück, das elektrisch leitend sein muss, gezündet, so spricht man von einem „direkten Plasmastrahl". Ist das Werkstück elektrisch nicht leitend, so besteht auch noch die Möglichkeit, den Plasmastrahl zwischen der inneren Wolframelektrode und dem umgebenden Düsenmund zu zünden und den Plasmastrahl dann durch den Gasstrom zum Werkstück hin so weit abzulenken, bis das Plasma mit dem Werkstück in Berührung kommt und es daher erhitzt (siehe Abb. 2.2.4.).

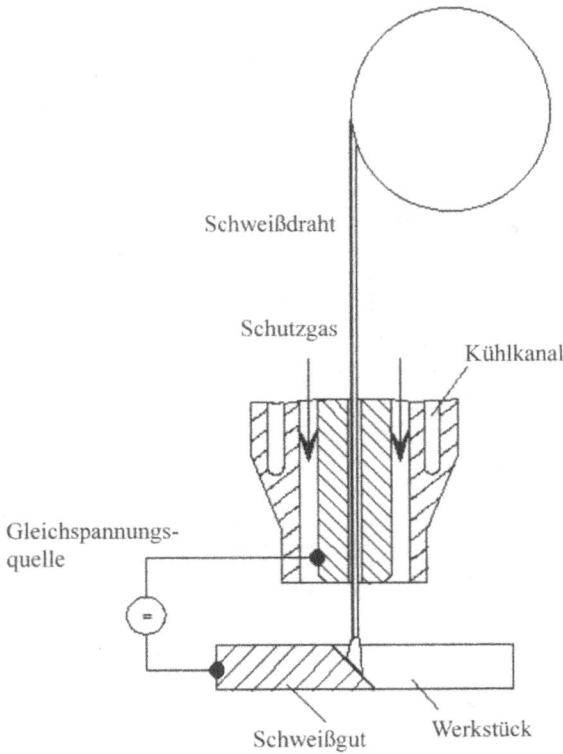

Abb. 2.2.2.: MIG-Schweißen

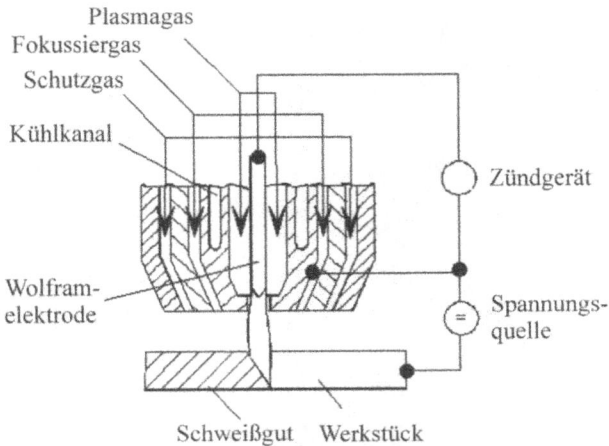

Abb. 2.2.3.: Plasmabrenner mit Fokussiergas und Schutzgas

Derartige Plasmabrenner können mit Leistungen bis zu einigen 10 kW betrieben werden, wobei als Fokussiergas eine Argon-Wasserstoff-Mischung verwendet wird.

Plasmabrenner werden zum Schweißen – vor allem von Stählen in der Automobilindustrie – eingesetzt, da eine kleine Schweißnahtbreite, relativ geringe Erwärmung des Werkstücks und hohe Schweißgeschwindigkeit erzielt werden können. Darüber hinaus kann der Plasmabrenner aber auch zum Schneiden (siehe Abb. 2.2.5.) und zum Abtragen, etwa von Lacken auf Metall, verwendet werden. Bei diesen Anwendungen kann der Plasmastrahl durch einen Wassermantel von der Umgebung abgeschirmt werden, womit einerseits die gefährliche UV-Strahlung, die jedes Plasma infolge der hohen Temperaturen erzeugt, abgeschirmt wird, andererseits auch der Lärm der durch Düsen ausströmenden Gase gedämpft wird und schließlich auch Abtragsprodukte abgeführt werden können. Siehe auch [8].

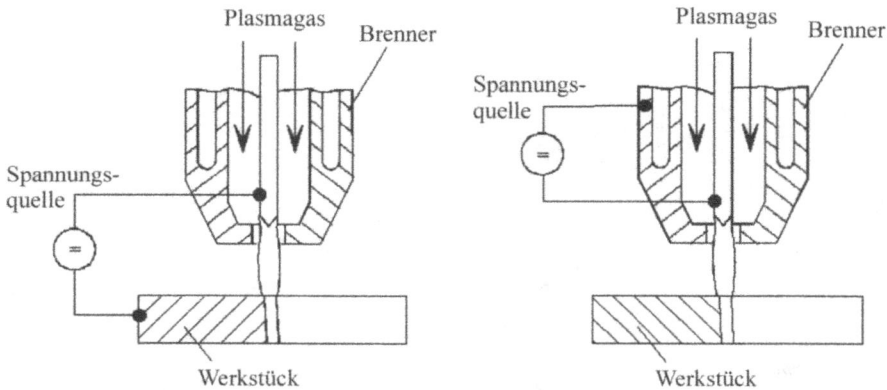

Abb. 2.2.4.: Direkter Plasmastrahl (links) und übertragener Plasmastrahl (rechts)

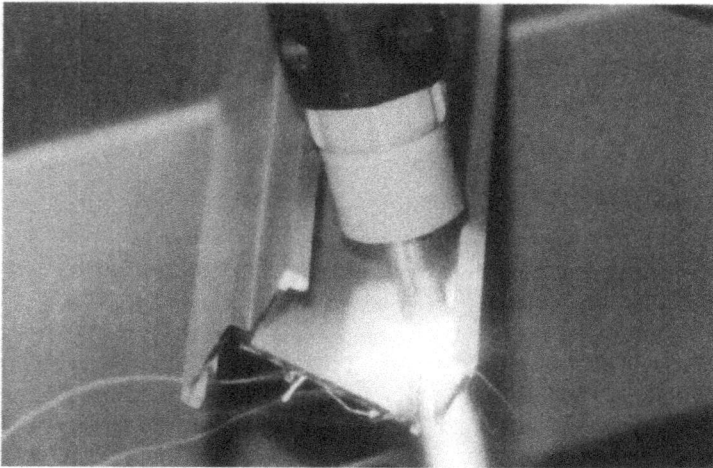

Abb. 2.2.5.: Plasmabrenner beim Schneiden von Metall

3   Lasertechnik

3.1   Arbeitsweise eines Lichtverstärkers

In Kapitel 1.3 wurde gezeigt, dass Atome Licht verstärken können, wenn ihnen vorher durch Pumpen Energie zugeführt wurde und damit Inversion herrscht, d.h. ein höher gelegenes Energieniveau (das obere Laserniveau) stärker besetzt ist als ein niedrigeres (unteres Laserniveau) und wenn das zu verstärkende Licht eine solche Frequenz aufweist, dass die Quantenenergie dem energetischen Abstand der beiden Energieniveaus gleicht.

Im Abschnitt 1.3.3 wurde auch gezeigt, dass die pro Volumen- und Zeiteinheit emittierte Lichtenergie von der Differenz der Besetzungsdichten der beiden Energieniveaus $N_2 - N_1$ abhängt und diese Differenz durch die Pumprate p festgelegt wird. Diese bestimmt, wie viele Atome pro Zeit- und Volumeneinheit vom unteren ins obere Laserniveau gebracht werden, um die Inversion aufzubauen.

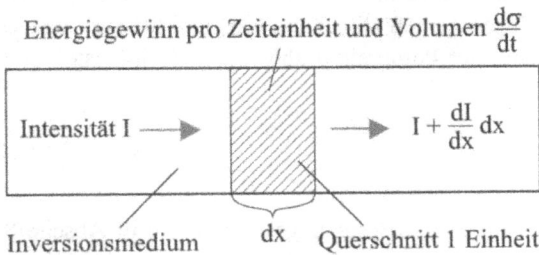

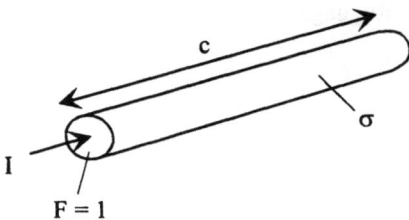

Abb. 3.1.1.: *Stabförmiger Lichtverstärker*
(I ... Intensität, σ ... Energiedichte der Lichtwelle)

Geht man jetzt davon aus, dass der Lichtverstärker ein zylindrischer Stab ist, der durch Zufuhr von Energie gepumpt wird und in dem Inversion herrscht, dann kann man zur Berechnung der Verstärkung, die ein Lichtstrahl erfährt, wenn er durch diesen Lichtverstärker hindurchläuft, eine Energiebilanz eines kleinen Volumenelements, wie Abb. 3.1.1. zeigt, aufstellen.

In diese Energiebilanz geht einerseits die durch den von links kommenden zu verstärkenden Lichtstrahl dem Volumen zugeführte Energie, die von der Intensität I und dem Querschnitt (=1) des lichtverstärkenden Strahles bestimmt wird, ein. Weiter geht die im betrachteten Volumen durch stimulierte Emission erzeugte Lichtenergie ein. Diese hängt gemäß Gleichung (31) vor allem von der Energiedichte der Strahlung σ ab. Schließlich geht als Verlust die rechts aus dem Volumen austretende Lichtenergie ein, wobei diese wegen der im Volumen erfolgten Verstärkung um ein Inkrement dI_1 größer ist als die links eintretende. Setzt man noch statt der Energiedichte der Strahlung σ die Intensität $I = \sigma \cdot c$ ein (siehe Abb. 3.1.1. unten), so erhält man eine Differenzialgleichung für den Anstieg der Intensität des Lichtstrahls beim Durchgang durch den Lichtverstärker:

$$I(z) + hf B_{12} \cdot I/c \cdot (N_2 - N_1) \cdot g_0(f) \cdot \mathrm{d}z = I(z) + \mathrm{d}I \tag{47}$$

Die Lösung dieser Differenzialgleichung lässt sich sofort anschreiben und stellt das Wachstumsgesetz dar, wobei I_1 die Intensität des Lichtstrahls beim Eintritt in den Lichtverstärker ist:

$$I(z) = I_1 \cdot e^{hf \frac{B_{12}}{c}(N_2 - N_1) g_0(f) \cdot z} = I_1\, e^{Gz} \tag{48}$$

Der Koeffizient im Exponenten dieser Gleichung wird als Gewinn G bezeichnet. Dieser ist für sehr kleine Eingangsintensitäten I_1, bei denen gemäß Gleichung (35) und (36) die Besetzungsdichten der beiden Laserniveaus nur von der Pumprate p abhängen, am höchsten und wird als Kleinsignal-Gewinn G_0 bezeichnet.

$$G_0 = \frac{hf}{c} B_{21} p (\tau_2 - \tau_1)\, g_0(f) \tag{49}$$

Steigert man aber die Lichtintensität I_1, so sinken die Besetzungsdichten wie in Abschnitt 1.3.3 berechnet ab, was dazu führt, dass auch der Gewinn abnimmt. Verwendet man Gleichung (35) und (36) für die Besetzungsdichten und Gleichung (48) für den Gewinn, so erhält man nach kurzer Rechnung mit der Definition der „Sättigungsintensität" I_s

$$I_s = \frac{1}{2} \cdot \frac{c}{B_{21} \tau_2 g_0(f)} \tag{50}$$

die Abhängigkeit des Gewinnes von der Intensität:

$$G = \frac{G_0}{\left(1 + \dfrac{I}{I_s}\right)} \tag{51}$$

Die nichtlineare Abhängigkeit des Gewinns von der Intensität führt dazu, dass bei einem Lichtverstärker (siehe Abschnitt 3.2), der durch Rückkopplung des verstärkten Lichtes am Eingang des Verstärkers zu einem Lichtgenerator wird, die Intensität nach dem Einschalten so lange ansteigt, bis der Gewinn so weit gesunken ist, dass gerade alle Verluste der Anordnung, insbesondere durch die für eine Nutzanwendung entnommene Lichtleistung, kompensiert werden. Damit bestimmen der Kleinsignalgewinn und die Sättigungsintensität die im stabilen Zustand erzielte Intensität und damit die abgegebene Strahlleistung.

Praktische Werte für die Kleinsignalverstärkung eines CO_2-Lasers sind $G_0 = 100\%$ pro Meter und für die Sättigungsintensität in der Größenordnung von 500 Watt/cm^2, vgl. [3].

3.2 Rückkopplung von Laserverstärkern durch optische Resonatoren

3.2.1 Anschwingen und stabiler Zustand

Bringt man am Ende des im letzten Abschnitt besprochenen Lichtverstärkers einen Spiegel an, durch den der aus dem Verstärker austretende Lichtstrahl wieder in den Verstärker geleitet wird, dann tritt am Eingang des Verstärkers verstärktes Licht aus, da der Verstärker unabhängig von der Ausbreitungsrichtung des Lichtes arbeitet. Bringt man auch dort einen Spiegel an, der dieses Licht reflektiert, so läuft eine Lichtquelle zickzack zwischen den beiden Spiegeln hin und her und wird bei jedem Durchgang verstärkt, ein Phänomen das als „Rückkopplung" bezeichnet wird. Man bezeichnet nun den rückgekoppelten Lichtverstärker als LASER, ein Akronym aus den Anfangsbuchstaben des Satzes „Light Amplification by Stimulated Emission of Radiation". Dieses so genannte „Anschwingen" des Lasers wird da-

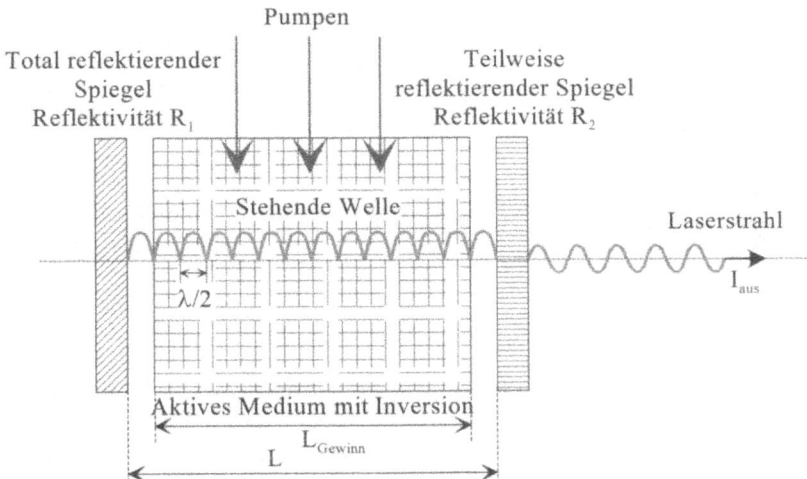

Abb. 3.2.1.: Grundsätzlicher Aufbau eines LASERs

durch in Gang gesetzt, dass einmal zumindest ein Photon mit der passenden Frequenz, die vom Lichtverstärker verstärkt wird, auftritt.

Bei einem kompletten Umlauf des Lichtstrahls zwischen den beiden Spiegeln wird die Lichtwelle nicht nur verstärkt, sondern erleidet auch Verluste, insbesondere durch unvollständige Reflexion an den Spiegeln. Diese kommt etwa dadurch zu Stande, dass der Durchmesser des im Laser ausgebildeten Lichtstrahls größer ist als der der Spiegel („Beugungsverluste") und natürlich auch dadurch, dass einer der beiden Spiegel teilweise durchlässig ausgeführt ist, um einen Teil der Strahlung für eine Nutzanwendung entnehmen zu können. Mit den Reflexionsfaktoren R_1, R_2 bzw. dem Transmissionsfaktor $T_2 = 1 - R_2$ (von den Spiegeln reflektierte oder transmittierte Intensität/einfallende Intensität) erhält man mit Gleichung (48) folgende Bilanz für den Lichtstrahl (I_1 Intensität am Eingang des Lichtverstärkers und I_2 Intensität an der gleichen Stelle nach einem vollen Umlauf):

$$\frac{I_2}{I_1} = R_1 \cdot R_2 \cdot e^{2G \cdot L_{\text{Gewinn}}} \tag{52}$$

Beim Anschwingen des Lasers muss die Kleinsignalverstärkung G_0 gemäß Gleichung (42) eingesetzt werden und man erhält die so genannte Anschwingbedingung des Lasers:

$$R_1 \cdot (1 - T_2) \cdot e^{2G_0 L_{\text{Gewinn}}} \geq 1 \tag{53}$$

Wie schon im letzten Abschnitt erwähnt, erreicht der Laser durch die ständige Steigerung der Intensität infolge des Hin- und Herlaufens der Lichtquelle zwischen den beiden Spiegeln und die dadurch bedingte Verstärkung schließlich einen stabilen, den „eingeschwungenen" Zustand, bei dem während eines kompletten Umlaufs zwischen den Spiegeln die Verstärkung gleich groß ist wie die Summe aller Verluste – eine Bedingung, mit der man die im stabilen Zustand erreichte Intensität I_{Stab} berechnen kann:

$$R_1 \cdot R_2 \cdot \exp\left(2 \cdot \frac{G_0}{\left(1 + \dfrac{I_{\text{Stab}}}{I_s}\right)} L \right) = 1 \tag{54}$$

Mit der Transmission T_2 und dem Strahlquerschnitt kann daraus auch die vom Laser abgegebene Strahlleistung berechnet werden.

3.2.2   Wellenlängenselektion

Zwischen den beiden Spiegeln des Lasers bildet sich eine hinlaufende und eine rücklaufende Lichtquelle aus, deren Amplitude infolge des Gleichgewichts von Verstärkung und Verlusten zwischen den Spiegeln konstant ist. Diese beiden Wellen interferieren dann und bilden eine so genannte „stehende Welle" (siehe Abb. 3.2.1.), ein Phänomen, das von allen Wellenvorgängen her bekannt ist. Bei einer solchen stehenden Welle gibt es im Abstand der halben

Wellenlänge Orte, an denen die Feldstärke der Welle grundsätzlich Null ist (Schwingungsknoten), während jeweils zwischen zwei Knoten ein Maximum der Amplitude der elektrischen Feldstärke auftritt (Schwingungsbauch). Auf den Spiegeln müssen immer Knotenpunkte der Welle liegen, weil Spiegel eine hohe elektrische Leitfähigkeit aufweisen, die dazu führt, dass die Feldstärke einer einfallen Lichtquelle an der Oberfläche des Spiegels sofort Leitungselektronen so verschiebt, dass Raumladungen auftreten, die ihrerseits eine der Feldstärke der einfallenden Welle entgegenwirkende Feldstärke erzeugen, so dass im Spiegel die Feldstärke der einfallenden Lichtquelle zu Null kompensiert wird und außerdem eine Welle mit umgekehrter Polarität vom Spiegel abgestrahlt (reflektiert) wird. Damit muss aber der Abstand der Spiegel ein Vielfaches der halben Wellenlänge der erzeugten Lichtquelle betragen, womit die beiden Spiegeln eine Wellenlängenselektion vornehmen und daher als „Optischer Resonator" bezeichnet werden. Es soll noch angemerkt werden, dass die Frequenzbandbreite, innerhalb der der Laser Licht verstärkt, entsprechend der Resonanzkurve $g_0(f)$ so breit ist, dass grundsätzlich zahlreiche Wellenlängen anschwingen können.

3.2.3   Reproduktion eines Gauß'schen Strahles im optischen Resonator

Bis jetzt wurde davon ausgegangen, dass sich ein Lichtstrahl mit sehr kleinem Durchmesser im Bereich der Achse der Anordnung zwischen den beiden Spiegeln aufbaut. Genauer betrachtet weist dieser Strahl aber eine radiale Intensitätsverteilung auf, so wie beispielsweise ein Gauß'scher Strahl. Läuft nun ein derartiger Gauß'scher Strahl zwischen den beiden Spiegeln, die zunächst als eben angenommen worden sind (siehe Abb. 3.2.2.), hin und her, so

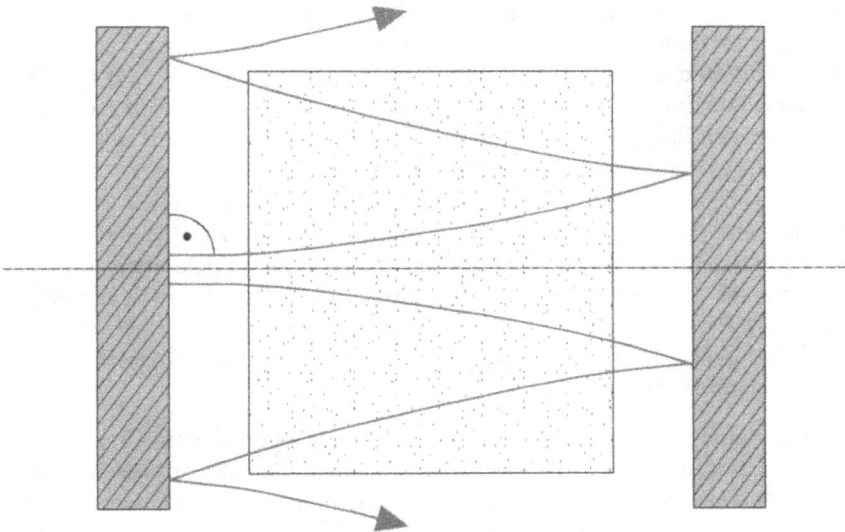

Abb. 3.2.2.: Optischer Resonator mit zwei Planspiegeln, dazwischen laufen Gauß'sche Strahlen hin und her

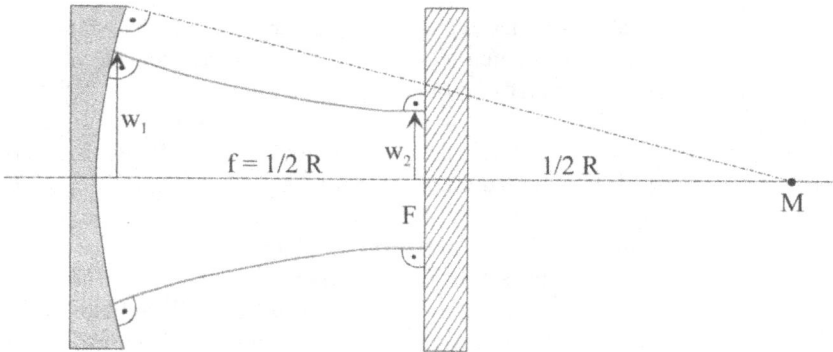

Abb. 3.2.3.: Stabiler hemisphärischer Resonator mit konkavem Spiegel, dessen Brennpunkt am Planspiegel liegt

spreizt er sich infolge seiner naturgegeben Divergenz von Durchgang zu Durchgang immer weiter auf und wird schließlich einen Querschnitt annehmen, der viel größer ist als der Spiegel, womit sehr starke Beugungsverluste durch Überstrahlen der Spiegel zu Stande kommen, sodass die Rückkopplung praktisch unterbrochen wird und keine oder nur eine sehr schwache Laserstrahlung erzeugt wird. Um diesen Effekt zu verhindern, muss einer der beiden Spiegel eine fokussierende Wirkung haben, die die Strahlaufspreizung kompensiert, und muss daher als Hohlspiegel ausgebildet sein (siehe Abb. 3.2.3.).

Ist dann einer der beiden Spiegel eben und dient auch gleichzeitig als teilweise durchlässiger „Auskoppelspiegel" und ist der andere konkav und sphärisch und 100%ig reflektierend und dient als so genannter Endspiegel, so kann ein Gauß'scher Strahl, der am ebenen Spiegel seinen kleinsten Durchmesser, die so genannte „Strahltaille" w_2, aufweist, sich bis zum Erreichen des sphärischen Spiegels aufspreizen. Er wird dann durch den sphärischen Spiegel nach Reflexion wieder fokussiert und erreicht anschließend wieder den ebenen Spiegel. Dabei muss im stabilen Zustand am ebenen Spiegel wieder die Strahltaille, und zwar mit demselben Durchmesser wie beim Verlassen dieses Spiegels, erreicht werden, womit dann der Strahlrand des vom ebenen Spiegel zum sphärischen Spiegel laufenden Strahls mit dem des zurücklaufenden Strahls identisch ist. Diese Bedingung ist dann erfüllt, wenn der hinlaufende Strahl den sphärischen Spiegel unter einem rechten Winkel trifft, da der reflektierte Strahl den Spiegel entsprechend dem Reflexionsgesetz ebenfalls unter einem rechten Winkel zur Spiegeloberfläche verlässt, so dass die Ränder des hinlaufenden und reflektierten Strahls in der Nähe des sphärischen Spiegels und damit auch im gesamten Bereich zwischen beiden Spiegeln identisch sind. Ein derartiger senkrechter Einfall des hinlaufenden Strahls am sphärischen Spiegel erfolgt dann, wenn der Radius der Wellenfront am Spiegel gleich groß ist wie der Krümmungsradius des Spiegels.

Der Strahlrand des hinlaufenden und rücklaufenden Lichtstrahls stimmen deshalb im ganzen Bereich zwischen den beiden Spiegeln überein, wenn sie in der Nähe des sphärischen Spiegels identisch sind, weil sich der Gauß'sche Strahl völlig symmetrisch zum Querschnitt mit kleinstem Radius der Strahlteile verhält, d.h. sich in einer Richtung einschnürt und sich in der anderen Richtung in gleichem Maße aufspreizt.

Aus der obigen Bedingung erhält man mit Gleichung (25) für den Radius der Wellenfront im Abstand z von der Strahltaille sowie dem Krümmungsradius des sphärischen Spiegels R_s die folgende Gleichung, wenn man berücksichtigt, dass z gleich dem Abstand der beiden Spiegel L sein muss:

$$L + \frac{(w_2 \pi / \lambda)^2}{L} = R_S \qquad (55)$$

Damit kann aus der Gleichung (55) der Radius des Laserstrahls am Planspiegel w_0 berechnet werden.

Aus der Strahlrandgleichung des Gauß'schen Strahles, Gleichung (23), kann damit auch der Radius w_1 des im Laser ausgebildeten Strahls am sphärischen Spiegel errechnet werden. Diese Strahlradien auf den beiden Laserspiegeln bestimmen nun einerseits die seitliche Ausdehnung, die das lichtemittierende Medium aufweisen muss, damit der Gauß'sche Strahl zur Gänze verstärkt wird, und außerdem natürlich den Radius des am teilweise durchlässigen Planspiegel ausgekoppelten Laserstrahls.

3.2.4   Selektion des Gauß'schen Strahles

Um eine maximale Fokussierbarkeit des vom Laser erzeugten Strahles und damit eine hohe Strahlqualität zu erzielen, ist es notwendig, dass der Laser einen Gauß'schen Strahl erzeugt. Die Erzeugung eines derartigen Modus kann nach Kapitel 1.2.1 dadurch erreicht werden, dass der kreisförmigen Lichtquelle in einem bestimmten Abstand L eine Modenblende mit dem Radius a gegenübersteht und die aus diesen beiden Größen berechnete Fresnelzahl (siehe Gleichung (14)) den Wert 1 annimmt. Man kann nun den linken Spiegel des Lasers als Lichtquelle und den rechten Spiegel als Modenblende auffassen, so dass dann ein Gauß'scher Strahl erreicht wird, wenn die aus Spiegelradius und Spiegelabstand berechnete Fresnelzahl gleich 1 wird, weil der rechte Spiegel aus dem vom linken Spiegel ausgehenden Strahl das Hauptmaximum wie eine Modenblende herausfiltert und nur dieses reflektiert (vgl. [9]).

3.3   Laserquellen

3.3.1   Kohlendioxidlaser

a) Verstärkungsmechanismus

In Kapitel 1.3.2 wurde schon gezeigt, wie ein Kohlendioxidmolekül, das sich im Zustand der asymmetrischen Molekülschwingung befindet, infrarotes Licht mit einer Wellenlänge von etwa 10 µm verstärkt. Um eine Netto-Lichtemission zu erhalten, müssen mehr CO_2-Moleküle pro Volumeneinheit vorhanden sein, die asymmetrische Schwingungen ausführen, als solche, die eine symmetrische Schwingungsform ausführen. Es ist also ein Pumpmechanismus zur selektiven Anregung des oberen Laserniveaus der asymmetrischen Molekülschwingung notwendig. Zu diesem Zwecke wird dem CO_2-Gas noch Stickstoff im gleichen

Ausmaß beigemengt, da Stickstoffmoleküle, die aus zwei Atomen bestehen, eine Form der Molekülschwingung ausführen können, deren Energie etwa auf der gleichen Höhe wie die Energie der asymmetrischen Molekülschwingung des CO_2-Moleküls liegt. Dieses Gasgemisch wird nun durch Zufuhr elektrischer Energie mittels zweier oder mehrerer Elektroden in den Plasmazustand, und zwar in Form einer Glimmentladung, gebracht (siehe Kapitel 1.4.2). Die in der Glimmentladung vorhandenen freien Elektronen mit hoher Energie stoßen nun mit den N_2-Molekülen zusammen und regen diese zu der schon erwähnten Molekülschwingung an. Diese stellt einen relativ stabilen („metastabilen") Zustand dar, so dass die Stickstoffmoleküle Anregungsenergie speichern, aber beim Zusammenstoß mit einem CO_2-Molekül diese Energie abgeben und damit die CO_2-Moleküle zur asymmetrischen Molekülschwingung anregen. Um eine kräftige Inversion zu erzielen, muss außerdem noch sichergestellt werden, dass die CO_2-Moleküle nach der Emission eines Lichtquants und dem Übergang von der asymmetrischen zur symmetrischen Molekülschwingung die letztere auch wieder rasch verlassen und in den Grundzustand übergehen. Dies wird dadurch erschwert, dass der Übergang von der symmetrischen Molekülschwingung zur Biegeschwingung des CO_2-Moleküls (siehe Kapitel 1.3.2) sehr rasch erfolgt, die Biegeschwingung aber einen relativ stabilen Zustand darstellt und nur dann entleert werden kann, wenn beispielsweise Helium in einem weit stärkeren Ausmaß als Kohlendioxid und Stickstoff vorhanden ist, da dieses Gas die Energie der Biegeschwingung aufnimmt und dann an die kühlen Wände des Lasers abgibt.

b) Bauformen des CO_2-Lasers
Quergeströmte Laser:
Die am meisten verwendete Bauform des CO_2-Lasers, insbesondere für hohe Leistungen, besteht aus einer durchgehenden, runden, wassergekühlten Kathode und einer großen Zahl der Kathode gegenüberstehenden Anodenstäben. Diese Anodenstäbe haben gegenüber einer durchgehenden Anode den Vorteil, dass eine Kontraktion des Stromflusses auf eine Elektro-

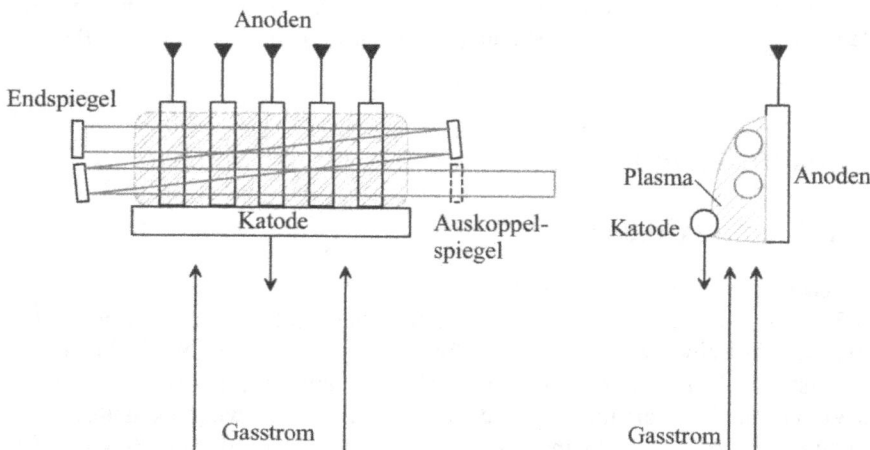

Abb. 3.3.1.: Aufbau eines quergeströmten Lasers (Längs- und Querschnitt)

de und damit auf einen kleinen Bereich der Glimmentladung vermieden wird und es damit zu keiner Überhitzung des Plasmas, die zu einem Übergang der Glimmentladung zu einem Lichtbogen, der keine Laserverstärkung aufweist, führen würde, kommen kann. Da der Wirkungsgrad des CO_2-Lasers für die Umwandlung von elektrischer Energie in Lichtenergie nur etwa 20% beträgt, werden 80% der zugeführten elektrischen Energie in Wärme verwandelt und diese Wärme muss abgeführt werden, um eine Zerstörung des Lasers zu vermeiden. Aus diesem Grund erzeugt ein Gebläse eine rasche Gasströmung quer zur Stromflussrichtung in der Glimmentladung, wodurch das erhitzte Gas aus dem Elektrodensystem abgeführt, einem wassergekühlten Wärmeaustauscher zugeführt, dort wieder abgekühlt und neuerlich dem Elektrodensystem zugeführt wird („quergeströmter" Laser). Durch diese Gasströmung wird das Plasma in Strömungsrichtung „verblasen" und es kommt ein dreieckiger Querschnitt der Glimmentladung zustande. Dieser Querschnitt ist der rotationssymmetrischen Form des wegen der guten Fokussierbarkeit erwünschten Gauß-Strahls schlecht angepasst, so dass diese Art von Laser in der Regel höhere Moden, die schlechter fokussierbar sind (siehe 1.2.), erzeugen. Da aber die Kühlung bei dieser Bauform wegen des kleinen Strömungswiderstands (siehe Querschnitt des Plasmas Abb. 3.3.1.) sehr effizient ist, können dafür aber auch sehr hohe Leistungen erzeugt werden, wobei Laser bis zur Leistung von 50 kW am Markt angeboten werden. Beim quergeströmten Laser kann bei einer Länge des lichtemittierenden Plasmas von einigen Dezimetern und einem Elektrodenabstand von wenigen Zentimetern mit einer Lichtleistung von einigen Kilowatt gerechnet werden. Die Strahlqualität-Kennzahl des quergeströmten Lasers liegt im Bereich von 0,1.

Abb. 3.3.2. zeigt die Elektroden und den Wärmeaustauscher eines solchen Lasers und Abb. 3.3.3. die Gesamtansicht eines derartigen Lasers.

Abb. 3.3.2.: Elektroden und Wärmeaustauscher des Lasers in Abb. 3.3.3.

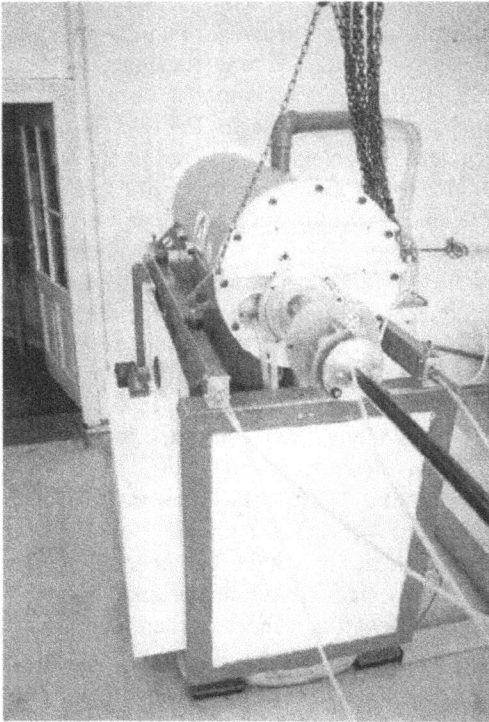

Abb. 3.3.3.: Gesamtansicht eines 1,5kW quergeströmten Lasers (entwickelt vom ISLT der TU Wien um 1980)

Längsgeströmter Laser:

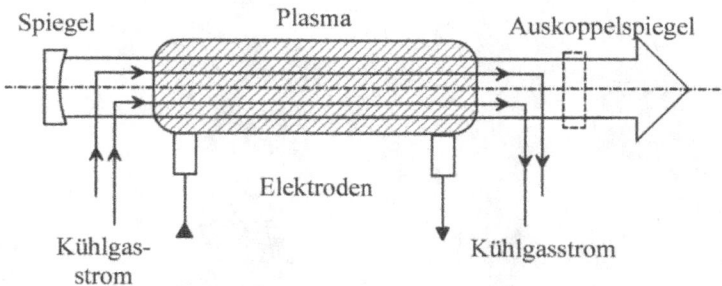

Abb. 3.3.4.: Längsgeströmter Laser (das Plasma begrenzende zylindrische Glasrohr ist nicht gezeigt!).

Diese Bauform vermeidet die Nachteile des quergeströmten Lasers in Hinblick auf die Strahlqualität, da das Plasma in einem zylindrischen Glasrohr brennt (siehe Abb. 3.3.4.), wobei die Elektroden an dessen beiden Enden angebracht sind. Dadurch wird ein kreisförmiger Querschnitt des lichtemittierenden Plasmas, der dem Gauß'schen Strahl gut angepasst ist, erzeugt. Außerdem kann durch die Dimensionierung von Rohrradius und Rohrlänge die Fresnelzahl in den Bereich von 1 gebracht werden, so dass ein Gauß'scher Strahl zustande kommt. Bei dieser Art von Laser muss natürlich auch eine Kühlung des Plasmas durch eine rasche Gasströmung stattfinden, wobei diese hier nur achselparallel durch das plasmabegrenzende Rohr verlaufen kann. Leider ist aber der Strömungswiderstand durch die Enge des Rohres relativ groß, so dass eine effiziente Kühlung erschwert wird und nur relativ kleine Leistungen erzeugt werden können. Bei einer Rohrlänge von etwa 50 cm kann mit einer Strahlleistung von wenigen 100 Watt gerechnet werden, wobei zur Erzielung höherer Leistungen mehrere Rohre hintereinander durchlaufen werden. Die Strahlqualitäts-Kennzahl liegt im Bereich von 0,8.

Abb. 3.3.5. zeigt nun einen längsgeströmten Laser mit brennender Glimmentladung.

HF-angeregter Laser:
Bei der Besprechung der quer- und längsgeströmten CO_2-Laser wurde davon ausgegangen, dass die elektrische Energie in Form von Gleichstrom zugeführt wird. Steigert man diese Energie, um mehr Lichtleistung pro Volumeneinheit zu erhalten, auf Werte über 5 Watt / cm^3, so kommt es zu einer zunehmenden Erwärmung insbesondere der Kathode durch das Bombardement mit positiven Ionen und dadurch kann an Stellen mit scharfen Rauigkeitsspitzen lokale Verdampfung einsetzen, die zu einer Erhöhung der Ladungsträgerdichte führt, womit es zu einer Kontraktion des Stromflusses und schließlich dem Übergang zu einem für Laserzwecke nicht brauchbaren Lichtbogen kommt. Um derartige elektrodische Instabilitäten zu verhindern, muss man den direkten Kontakt zwischen Elektroden und dem Plasma vermeiden.

Abb. 3.3.5.: Längsgeströmter Laser mit brennender Glimmentladung

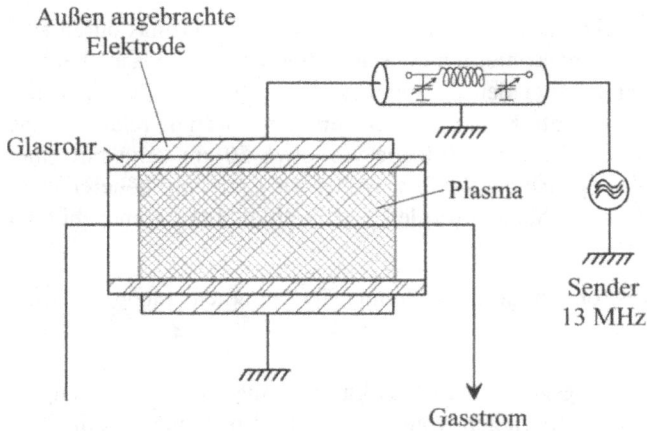

Abb. 3.3.6.: *Plasma eines HF-angeregten Lasers*

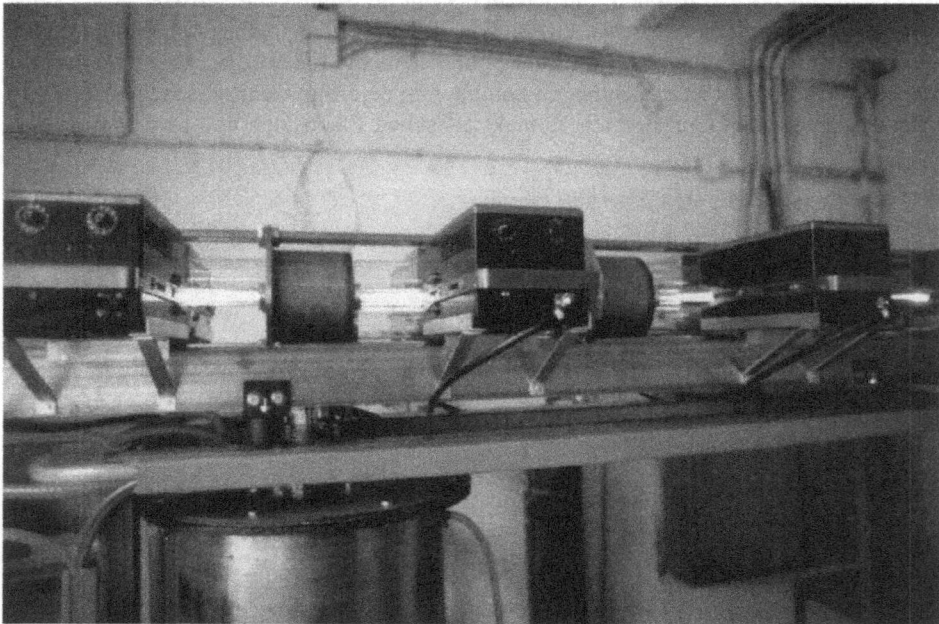

Abb. 3.3.7.: *Hochfrequenz-angeregter CO_2-Laser mit brennender Glimmentladung (entwickelt vom ISLT der TU Wien um 1985)*

Dies kann dadurch bewerkstelligt werden, dass die Elektroden des Lasers außerhalb der das Plasma begrenzenden Glasröhre angeordnet werden (siehe Abb. 3.3.6.). In diesem Falle kann mit Gleichstrom natürlich keine Energie zugeführt werden, sehr wohl kann aber durch Anlegen hochfrequenter Spannung wie bei einem Kondensator durch periodisches Umladen der Elektroden ein Stromfluss erzeugt werden, der dann dem im Rohr befindlichen Plasma Energie zuführt. Mit dieser Hochfrequenzanregung des CO_2-Lasers kann die ohne Stabilitätsprobleme zuführbare elektrische Leistung pro Volumeneinheit auf etwa 20 Watt/cm^3 erhöht werden. Aus diesem Grunde sind die meisten heute am Markt angebotenen Hochleistungs-CO_2-Laser mit einer derartigen Anregung ausgestattet. Dabei wird die Hochfrequenzenergie durch Sender im Industriefrequenzbereich 13 MHz und Vielfachen davon betrieben. Abb. 3.3.7. zeigt einen hochfrequenz-angeregten CO_2-Laser mit brennender Glimmentladung. Dieser Laser gibt eine Strahlleistung von 1 kW und nahezu perfekten Grundmodus ab.

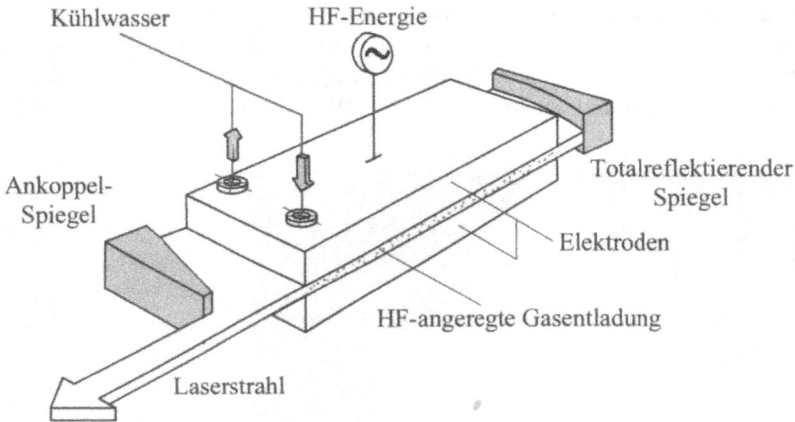

Abb. 3.3.8.: Diffusionsgekühlter Laser

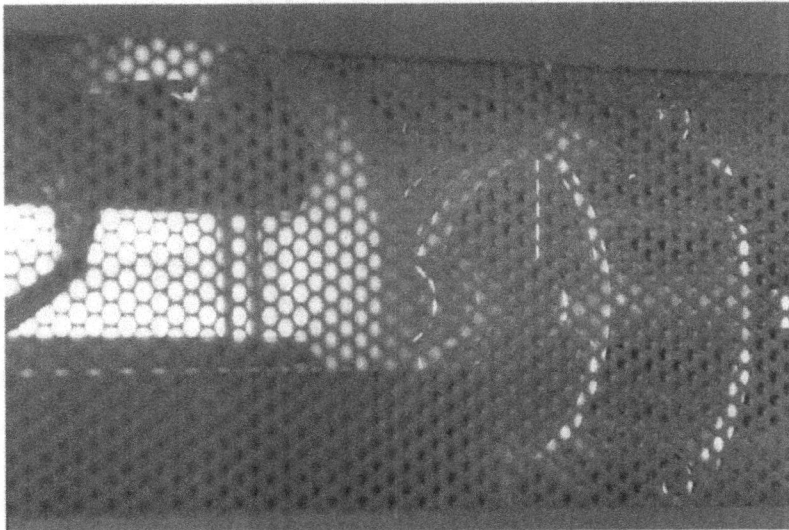

Abb. 3.3.9.: Hohlzylindrische Glimmentladung in einem Koaxiallaser

Sonderbauformen des CO_2-Lasers:

Diese umfassen einerseits Hochleistungslaser, bei denen die notwendige Kühlung nicht durch eine rasche Gasströmung erfolgt, sondern durch Wärmeleitung aus dem Plasma, das in Stromflussrichtung nur eine Ausdehnung von wenigen Millimetern aufweist, zu sehr gut wassergekühlten Elektroden hin. Diese so genannten „diffusionsgekühlten Laser" kommen ohne bewegte Teile aus, sind daher relativ wartungsfrei und liefern dennoch Leistungen im Bereich von einigen Kilowatt bei ausgezeichneter Strahlqualität (siehe Abb. 3.3.8.).

Eine weitere Bauform des CO_2-Lasers verwendet eine innere zylindrische Elektrode und eine äußere koaxial angeordnete hohlzylindrische Elektrode, zwischen denen ein hohlzylindrisches Plasma brennt, das durch eine in Längsrichtung der Elektroden verlaufende rasche Gasströmung gekühlt wird. Derartige Laser erlauben bei vergleichsweise kleinen äußeren Abmessungen außerordentlich hohe Leistungen bis zu 100 kW zu erreichen, wobei ein hohl-

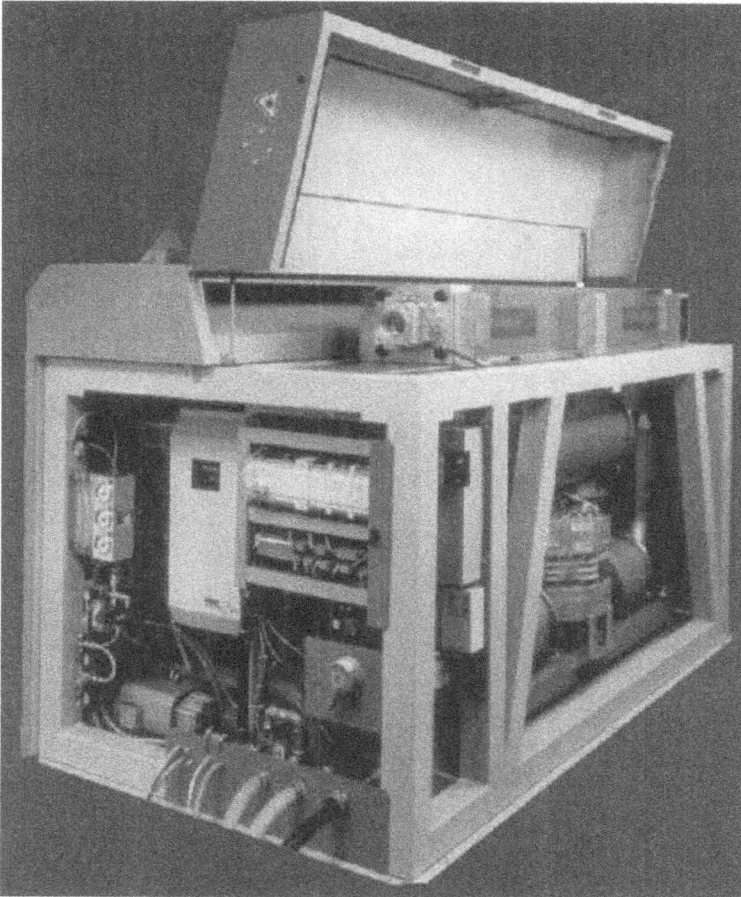

Abb. 3.3.10.: Gesamtaufbau eines Koaxiallasers (entwickelt vom ISLT der TU Wien um 1995)

zylindrischer Strahl erzeugt wird. Dieser lässt sich aber durch eine geeignete Optik auch wieder auf einen kreisförmigen Brennfleck fokussieren, wobei die Strahlqualitätskennzahl aber unter 0,1 bleibt. Die hohlzylindrische Glimmentladung eines derartigen Lasers zeigt Abb. 3.3.9. und den Gesamtaufbau zeigt Abb. 3.3.10.

Schließlich verwendet eine Sonderbauform des CO_2-Lasers Gasdrucke im Atmosphärenbereich, bei denen normalerweise eine Glimmentladung gemäß Abschnitt 1.4.2 nicht stabil brennen kann. Diese Laser können daher nur kurz gepulst betrieben werden, erreichen aber außerordentlich hohe Strahlleistungen im Bereich von vielen Millionen Watt und werden als TEA-Laser (Transversal Elektrisch angeregte Atmosphären-Laser) bezeichnet. Das Problem der Instabilität der Glimmentladung bei so hohem Druck wird bei dieser Art von Laser dadurch gelöst, dass die Gasentladung durch einen geladenen Kondensator gezündet wird und nach dessen Entladung, die in einer sehr kurzen Zeit im Bereich von Mikrosekunden erfolgt, durch die Erschöpfung der Kondensator-Energie automatisch unterbrochen wird, so dass das Plasma keine Zeit hat instabil zu werden.

3.3.2   Halbleiterlaser

a) Grundsätzliche Arbeitsweise

Halbleiter, wie etwa Silizium, sind Materialien, die bei sehr niedrigen Temperaturen elektrische Isolatoren darstellen, bei höheren Temperaturen aber zunehmend elektrisch leitend werden. Wenn man in solche Halbleiter Atome einbaut, wie etwa Phosphor, die frei im Material bewegliche Elektronen abgeben (so genannte Donatoren), so wird die Leitfähigkeit auch bei geringen Temperaturen erhöht und man spricht von „n-Halbleitern". Ganz ähnlich können auch Atome wie Indium eingebaut werden, die einem Atom des Grundmaterials ein Elektron entziehen und es an sich binden (so genannte Akzeptoren), womit ein positiv geladenes Atom, ein so genanntes „Loch", übrig bleibt. Dieses Loch kann sich wie ein freies Elektron durch das Material bewegen, indem von einem benachbarten Atom ein Elektron zum Loch springt und mit diesem rekombiniert, so dass sich das positive Loch weiterbewegt hat („p-Halbleiter").

Werden nun ein n- und ein p-Halbleiter miteinander in Kontakt gebracht (pn-Übergang, siehe Abb. 3.3.11.) und wird an der p-Seite positive und an der n-Seite negative Spannung angelegt, so werden sich die Löcher zur negativen Elektrode hin und die Elektronen zur positiven Elektrode hin in Bewegung setzen und es wird ein Strom fließen. Dabei treffen sich Elektronen und Löcher in einer schmalen Zone rund um die Kontaktfläche und rekombinieren dort auf Grund der elektrostatischen Anziehung dieser beiden Ladungsträgerarten, wobei die Ionisierungsenergie, die ursprünglich aufgewendet werden musste, um ein Elektron von einem Atom abzulösen und die bei typischen Halbleitern etwa in der Größenordnung von 1 eV liegt, freigesetzt und in Form eines Lichtquants emittiert wird, womit die Anordnung als lichtemittierende Diode (LED) arbeitet.

Weist nun der n-Halbleiter eine sehr hohe Konzentration an Donatoren und der p-Halbleiter eine hohe Konzentration an Akzeptoren auf und fließt ein relativ hoher Strom über den pn-

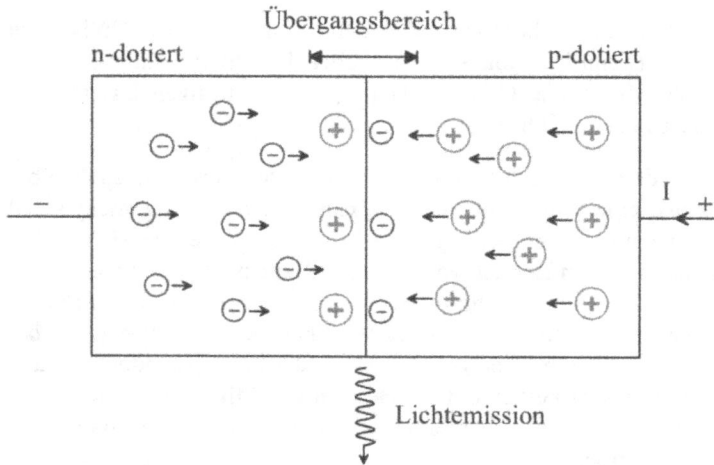

Abb. 3.3.11.: pn-Übergang

Übergang, so werden sehr viele frei bewegliche Elektronen in den p-Leiter geschwemmt, wobei diese Elektronen im Vergleich zu den an die Atome gebundenen Elektronen eine relativ hohe Energie aufweisen, ähnlich denen, die aus der Anziehung der Atome befreit wurden. Dieser großen Zahl von hochenergetischen Elektronen stehen im p-Halbleiter noch an die Atome gebundene und daher niedriger-energetische Elektronen gegenüber, wobei deren Anzahl wegen der großen Zahl von Löchern, d.h. ionisierten und von Elektronen beraubten Atomen, nur verhältnismäßig klein ist. Damit liegt aber die Situation einer Inversion der Besetzungszahlen zwischen frei beweglichen, höherenergetischen und gebundenen, niedrigenergetischen Elektronen vor, womit eine Netto-Lichtverstärkung durch Inversion auftreten muss und Laserstrahlung abgegeben wird, wobei Frequenz und Wellenlänge durch den energetischen Abstand der freien und der gebundenen Elektronen, also im Prinzip durch die Ionisierungsenergie, die als „Bandabstand" bezeichnet wird, bestimmt wird. Unter diesen Umständen werden derartige pn-Übergänge dann als „Laserdioden" bezeichnet, wobei typische Stromstärken im Bereich von Ampere und Licht im nahen Infrarot bei einer Wellenlänge von 0,85 µm mit Leistungen von einigen Watt abgegeben wird.

b) Aufbau für hohe Leistungen
Ordnet man nun eine große Zahl derartiger Dioden wie in Abb. 3.3.12. gezeigt nebeneinander an, eine Anordnung die man als „Laserbarren" bezeichnet, so kann Licht mit einer Leistung von einigen 10 Watt in eine Linie abgegeben werden. Stapelt man dann zahlreiche derartige Laserbarren übereinander, so kann man schließlich Licht mit einer Leistung von einigen 100 Watt erzeugen. Wichtig ist dabei, dass sowohl die Barren wie auch die Stapel eine Wasserzu- und -abfuhr enthalten, so dass jede einzelne Diode gut gekühlt werden kann, denn die Verlustleistungen einzelner Dioden von wenigen Watt würde in Anbetracht der sehr geringen Größe moderner Laserdioden durch unzulässige Erwärmung zur Zerstörung führen.

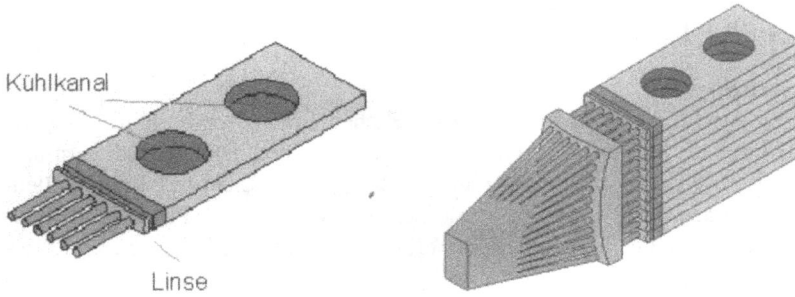

Abb. 3.3.12.: Diodenanordnung

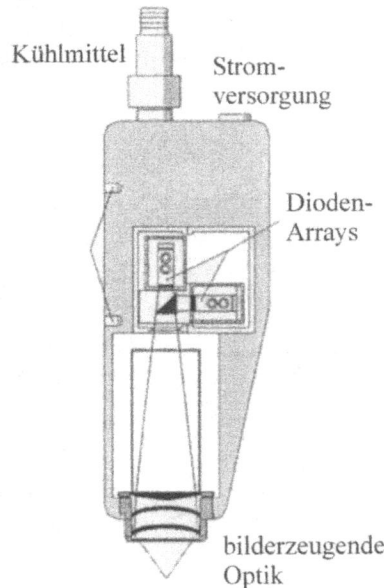

Abb. 3.3.13.: 1 kW Diodenlaser inkl. Schnittzeichnung

Durch verschiedene optische Elemente werden dann alle Dioden auf einen einzelnen Fleck fokussiert (siehe Abb. 3.3.12), wobei infolge der inkohärenten d.h. unzusammenhängenden und unkoordinierten Emission der einzelnen Dioden eine sehr schlechte Strahlqualität zustande kommt, was dazu führt, dass man Diodenlaser nur auf einen Brennfleck in der Größe von etwa mehr als 1 mm² fokussieren kann. Weltweit wird aber daran gearbeitet, die einzelnen Dioden eines solchen Hochleistungs-Diodenlasers so miteinander zu koppeln, dass alle Dioden zur gleichen Zeit ein Maximum der elektrischen Feldstärke der von ihr abgegebenen Lichtwelle abgeben, womit dann konstruktive Interferenz zustande kommt und die Strahlqualität entscheidend verbessert wird. Abb. 3.3.13 zeigt eine Ansicht eines 1 kW Diodenlasers samt Schnittzeichnung.

3.3.3 Nd:YAG-Laser

a) Grundsätzliche Arbeitsweise

Die lichtemittierenden Atome dieses Lasers sind die seltenen Erden Neodymium (Nd), die zwei Energieniveaus mit dem für eine Inversion nötigen Unterschied der Lebensdauern aufweisen, wobei ihr energetischer Abstand einer Photonenenergie von Licht mit einer Wellenlänge von 1 Mikrometer entspricht. Gepumpt werden diese Nd:Atome im Prinzip mit sichtbarem Licht, wobei Energieniveaus in einem relativ breiten Band oberhalb des oberen Laserniveaus angeregt werden (siehe Abb. 3.3.14.).

Die lichtemittierenden Atome sind in einem für die Wellenlänge des Nd:YAG-Lasers durchsichtigen Material, entweder in Yttrium-Aluminium-Garnet (YAG) oder auch einfach in Glas eingebettet. Das Pumpen erfolgt in einer so genannten „Kavität", einem Hohlraum mit doppelt elliptischem Umfang (siehe Abb. 3.3.15.), der innen verspiegelt ist und in dessen beider Brennlinien je eine Blitzröhre angeordnet ist. In der gemeinsamen Brennlinie ist dann der

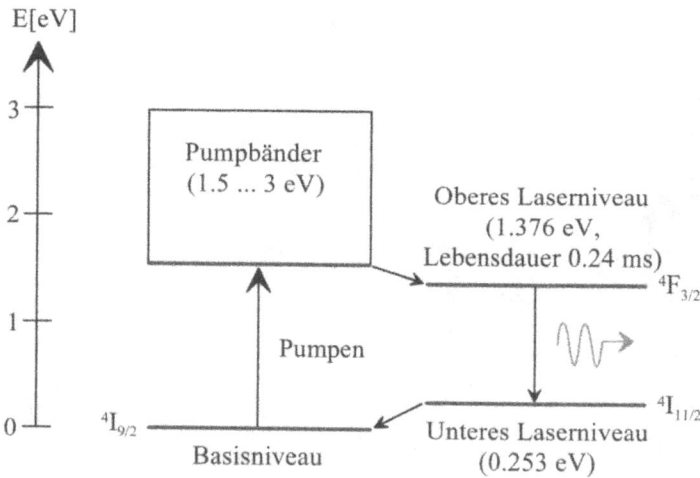

Abb. 3.3.14.: Pumpschema eines Nd:YAG-Lasers

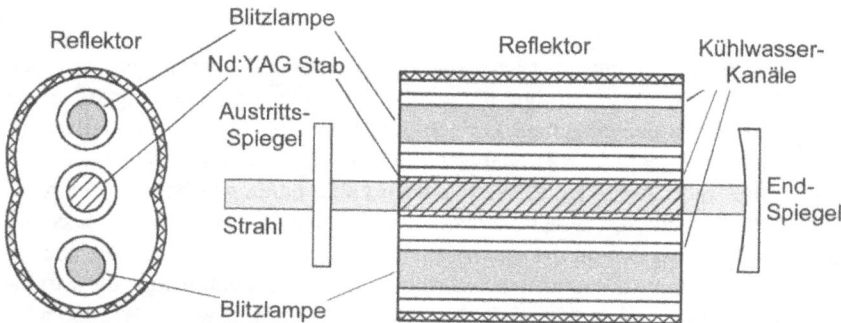

Abb. 3.3.15.: Schematischer Aufbau eines Nd:YAG-Stablasers

Nd:YAG-Stab angeordnet, so dass die gesamte Strahlung der Blitzröhren auf den Stab fokussiert wird und ihn von allen Seiten trifft und damit das Pumpen durchführt. Um die infolge
des auch hier nicht sehr hohen Wirkungsgrades entstehende Verlustwärme abzuführen, wird
die besagte Kavität vom Wasser durchflossen, das dann anschließend natürlich gekühlt und
wieder zurückgeführt wird. Die Laserspiegel sind dann außerhalb dieser Kavität angeordnet.
Mit einem derartigen Laser kann man mit einem Stabdurchmesser von einigen Millimetern
und einer Länge von etwa 10 cm eine Leistung von einigen Hundert Watt erzielen.

b) Praktischer Aufbau eines Nd:YAG-Lasers für hohe Leistungen
Abb. 3.3.16. zeigt eine Ansicht eines derartigen Lasers mit einer Leistung von 400 Watt. Bei
einer weiteren Bauform ist das Nd:YAG-Material nicht stabförmig sondern plattenförmig,
wobei dann das Pumpen an zwei Schmalseiten dieser Platte, vorzugsweise durch entlang
einer Geraden aufgereihtem Laserdioden (Laserarray) erfolgt („Slab-Laser"). Diese Bauform
hat eine große Zukunft vor sich, da die verwendeten Dioden Licht mit einer Quantenenergie,
die zum Pumpen des Neodymiums (Nd) am besten geeignet ist, aufweisen und damit der
Wirkungsgrad höher wird.

Andere Bauformen verwenden auch scheibenförmiges YAG-Material („Scheibenlaser") oder
in eine Glasfaser eingebettete Nd:Atome („Faserlaser").

c) Eigenschaften des Nd:YAG-Lasers
Die Nd:YAG-Laser können im kontinuierlich strahlenden Betrieb Leistungen bis zu einigen
Kilowatt und gepulst bis zu einigen 100 Watt abgeben. Die Strahlung wird grundsätzlich in
Form eines höheren Modus abgegeben und lässt sich daher nicht so gut fokussieren, aller-

*Abb. 3.3.16.: Industrieller Nd:YAG-Laser, gepulster Betrieb, durchschnittliche Leistung >3 kW (Trumpf Laser-
technik Schramberg)*

dings ist die Wellenlänge zehnmal kleiner als beim CO_2-Laser, was dazu führt, dass die Fokussierbarkeit wieder verbessert wird, weil der kleinste Fokusdurchmesser der Wellenlänge proportional ist (siehe Abb. 3.4.1.). Die Strahlung des Nd:YAG-Lasers wird leider von Kunststoffen und Glas etc. nicht wesentlich absorbiert, so dass sich diese Art von Laser vor allem für die Metallbearbeitung eignet, wobei hier die Absorption deutlich besser ist als für den CO_2-Laser. Der größte Vorteil des Nd:YAG-Lasers besteht aber darin, dass man die Strahlung, die sich infolge der dem sichtbaren Licht ähnlichen Wellenlänge praktisch wie sichtbares Licht verhält und daher durch Glas ohne große Verluste transmittiert wird, auch bei hohen Leistungen durch flexible Glasfasern über Strecken von einigen 10 m transportieren kann, was die praktische Verwendung dieser Strahlung natürlich sehr erleichtert. Da kohärent strahlende Diodenlaser in der nächsten Zukunft nicht realisiert werden dürften, stellt der diodengepumpte Nd:YAG-Laser die derzeit fortschrittlichste Bauform eines Hochleistungslasers dar. Siehe auch [10].

3.4 Wechselwirkung zwischen Laserstrahlung und Werkstück

3.4.1 Fokussierung des Laserstrahles

Nach den Regeln der geometrischen Optik schnürt sich der Laserstrahl mit dem Durchmesser D durch Fokussierung mittels einer Linse mit der Brennweite F (siehe Abb. 3.4.1.) auf einen Punkt ein, womit der halbe Öffnungswinkel des Strahles zwischen Brennpunkt und Linse wie folgt beträgt:

$$\Theta = \arctan D/2F \approx D/2F \qquad (56)$$

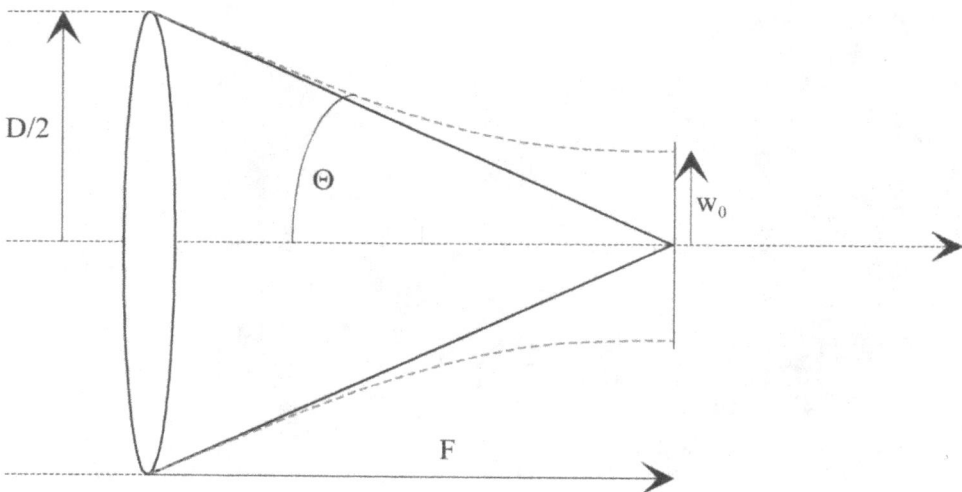

Abb. 3.4.1.: Fokussierung eines Gauß-Strahles mit Durchmesser D durch eine Linse mit Brennweite F

Wenn D viel kleiner als F ist, so kann der Arcustangens durch das Argument ersetzt werden. Das Strahlparameterprodukt (Gleichung (17)) liefert dann für den kleinsten Strahlradius w_0 im Brennfleck folgenden Ausdruck:

$$w_0 = \frac{2\lambda F}{K\pi D} \tag{57}$$

3.4.2   Absorption der Laserstrahlung durch das Werkstück

Abb. 3.4.2. zeigt den typischen Absorptionsverlauf eines Metalls (Kupfer) und eines Isolators (SiO_2) in Abhängigkeit von der Wellenlänge. Man sieht, dass beide Materialien bei niedrigen Wellenlängen im Bereich des UV-Lichts fast 100% absorbieren. Dies hängt damit zusammen, dass bei diesen Wellenlängen die Quantenenergie groß genug ist, um Übergänge in der Elektronenhülle der Atome durchzuführen, was zur Absorption von Photonen und zur Erhöhung der inneren Energie des Atoms führt. Im sichtbaren Wellenlängenbereich absorbiert der Isolator fast nichts, d.h. das Material ist durchsichtig, da die Wellenlänge schon so groß ist, dass die Quantenenergie der Photonen nicht mehr ausreicht, um die Elektronenhülle der Atome anzuregen. Anders ist hier die Situation beim Metall, wo durch die elektrische Feldstärke der Lichtwelle Elektronenströme hervorgerufen werden, die infolge des Ohm'schen Widerstandes des Metalls zu einem Energieumsatz im Metall führen, womit eine doch nennenswerte Absorption über 10% zustande kommt. („Fresnel'scher Absorptionsmechanismus"). Diese Art von Absorption erreicht ein Maximum von weit über 50% bei

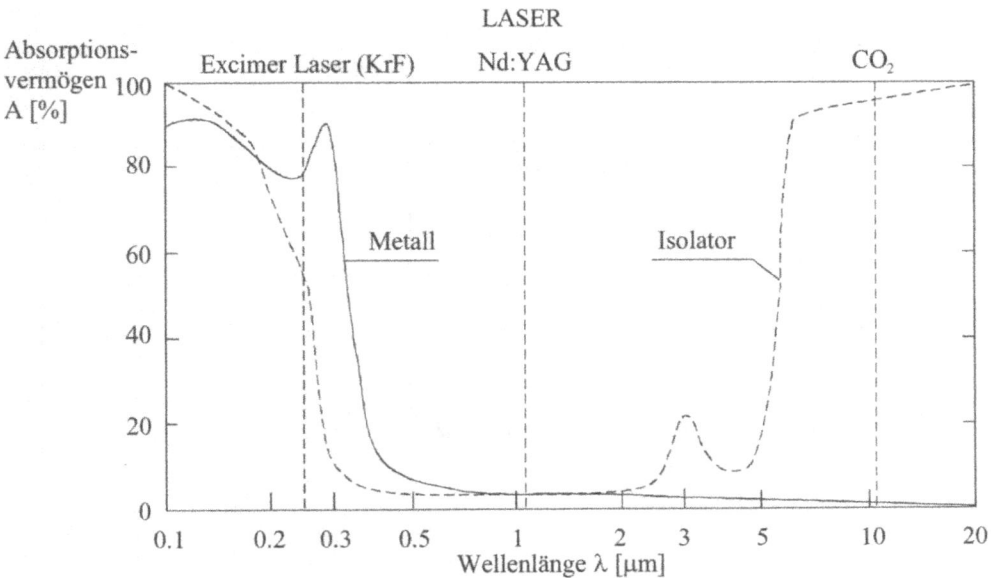

Abb. 3.4.2.: Absorption von Cu und SiO_2 für verschiedene Wellenlängen

„p-Polarisation", bei der die elektrische Feldstärke der Lichtwelle parallel zu oder in der Einfallsebene liegt (Ebene, die von einer Normalen auf die absorbierende Fläche und der Ausbreitungsrichtung des Lichts aufgespannt wird), und wenn die Lichtwelle fast streifend auf die absorbierende Oberfläche auftrifft. Den entsprechenden Winkel, gemessen zwischen einer Normalen auf die absorbierende Fläche und der Strahlausbreitungsrichtung („Einfallswinkel"), bezeichnet man als „Brewster-Winkel" (Abb. 3.4.3.).

Der Grund für dieses Phänomen besteht darin, dass man die elektrische Feldstärke in eine Komponente senkrecht und eine Komponente parallel zur absorbierenden Fläche zerlegen kann. Die senkrechte Komponente drückt nun Elektronen von der Oberfläche des Metalls in die Tiefe, womit ein Stromfluss zustande kommt. Infolge des Ohm'schen Widerstandes des Materials ist dieser Stromfluss mit Energie-Verlusten der Welle und einer Leistungsabgabe an das Metall verbunden, so dass eine kräftige Absorption zustande kommt, je größer diese senkrechte Komponente ist, also je schleifender der Strahl auf der absorbierenden Fläche einfällt. Bei der Komponente der Feldstärke parallel zur absorbierenden Fläche und auch bei s-Polarisation senkrecht zur Einfallsebene bewirkt die elektrische Feldstärke eine Verschiebung von Elektronen an der Oberfläche des Metalls, womit im zunächst elektrisch neutralen Leiter Raumladungen durch positiv geladene Atomkerne und von ihnen separierte Elektronen zustande kommen. Diese Raumladungen erzeugen ihrerseits eine elektrische Feldstärke, die die Felstärke der einfallenden Welle vollkommen kompensiert, so dass die Welle nicht in das Innere des Metalls eindringen kann und praktisch keine Absorption zustande kommt.

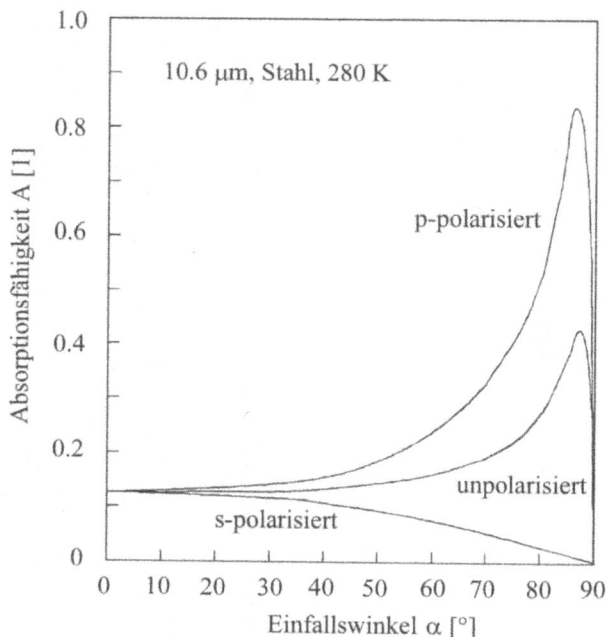

Abb. 3.4.3.: Abhängigkeit der Absorption von Polarisation und Einfallswinkel

Im infraroten Bereich steigt dann die Absorption des Isolators auf fast 100%, weil die Frequenz dann so niedrig ist, dass die durch die elektrische Feldstärke der Lichtwelle polarisierten Atome, die damit also an ihrer Oberfläche positive und negative Ladungen aufweisen, durch die Feldstärke der Lichtwelle je nach Polarität hin und her bewegt werden können, womit dem Material Energie zugeführt wird, so dass eine Absorption zustande kommt. Für Metalle kommt auch in diesem Wellenlängenbereich der Fresnel-Mechanismus zum Tragen.

Abgesehen von der Abhängigkeit der Absorption von Werkstoffart, Wellenlänge, Polarisation und Einfallswinkel kommt auch eine Abhängigkeit von der Intensität der Lichtquelle zustande, da bei sehr großen Intensitäten im Fokus das Material verdampft und der Metalldampf durch die einfallende Lichtquelle ionisiert wird, womit dann durch den Vorgang der so genannten „Inversen Brennstrahlung" eine sehr gute Absorption der Lichtwelle durch das Plasma zustande kommt und die absorbierte Lichtenergie durch Wärmeleitung an das Metall abgegeben wird. Damit kommt eine 100%-ige Absorption zustande, die als „abnormale" Absorption bezeichnet wird und insbesondere beim Lasertiefschweißen genützt wird.

Unter inverser Brennstrahlung versteht man ein Resonanzphänomen, bei dem die mittlere Laufzeit der Elektronen zwischen zwei Stößen von Atomen so groß ist wie die halbe Periodendauer der Lichtwelle, so dass ein Elektron durch deren Feldstärke auf dem Weg zu einem Atom hin beschleunigt wird, und dann bei seiner rückläufigen Bewegung nach erfolgtem Stoß infolge des dann ebenfalls erfolgten Umpolens der elektrischen Feldstärke neuerlich beschleunigt wird, so dass die durch Beschleunigung durch die elektrische Feldstärke gewonnene Energie ständig ansteigt.

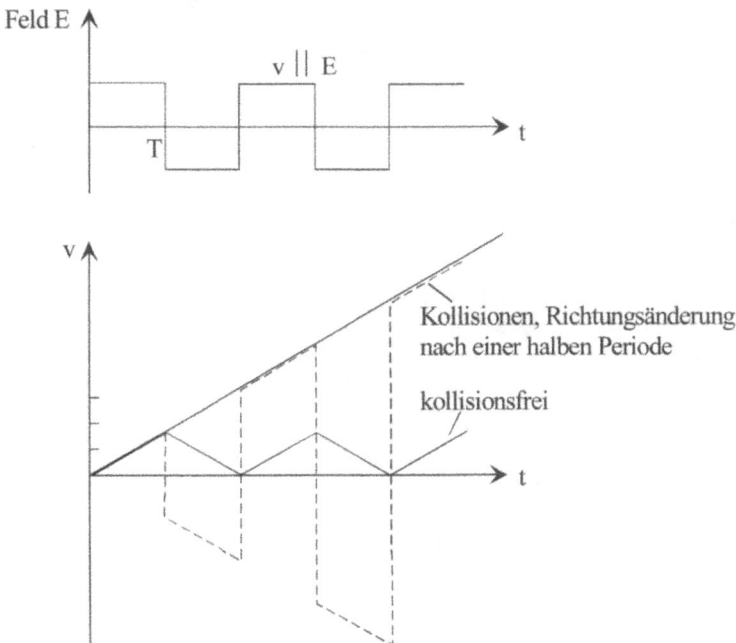

Abb. 3.4.4.: Abnormale Absorption (zeitlicher Verlauf der Lichtwelle zur Vereinfachung rechteckförmig angenähert)

3.4.3   Erwärmung des Werkstücks durch die absorbierte Laserstrahlung

Keine Relativbewegung zwischen Laserstrahl und Werkstück:
In diesem Fall wird dem Werkstück an einer Stelle seiner Oberfläche ständig Energie durch den absorbierten Laserstrahl zugeführt, womit bei endlichem Volumen die mittlere Temperatur im Werkstück immer höher wird. Da die Wärme durch Wärmeleitung von der Oberfläche des Werkstücks ins Innere transportiert wird, muss ein Temperaturgradient vorhanden sein, so dass die Temperatur an der Oberfläche, dort wo die Laserstrahlung einwirkt, am höchsten ist und dann ständig einerseits in seitlicher Richtung an der Oberfläche und andererseits in die Tiefe des Werkstücks abnimmt. Erreicht die Temperatur an der Oberfläche des Werkstücks den Verdampfungspunkt, so setzt eine sehr kräftige Kühlung durch Verdampfung ein, die dazu führt, dass schließlich ein Gleichgewicht zwischen zugeführter Laserenergie und durch Verdampfung abgeführter Wärme zustande kommt. Erfolgt die Verdampfung nach dem Zwischenschritt des Schmelzens, wie bei den meisten Metallen, so übt der Rückstoß des verdampften Materials einen Druck auf die Schmelze aus, die damit seitwärts (siehe Abb. 3.4.5.) ausgetrieben wird, was zu einem Materialverlust des Werkstücks und zur Bildung eines Loches führt. Mit zunehmender Einwirkungsdauer der Laserstrahlung wandert die verdampfende Fläche immer weiter in das Werkstück hinein, sodass damit ein Bohrvorgang realisiert werden kann. Dieser kann

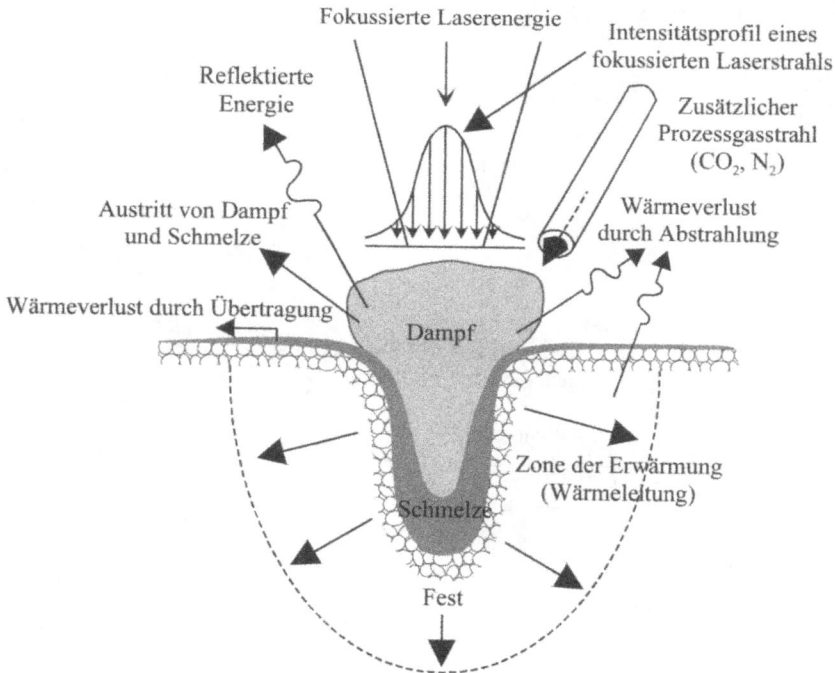

Abb. 3.4.5.: Laserbohren

aber dadurch unterbrochen werden, dass die Laserstrahlung, wie schon bei der abnormalen Absorption, den vom Werkstück abströmenden Metalldampf ionisiert, womit sich ein Plasma bildet, das so praktisch metallisch leitend wird und damit die Laserstrahlung schließlich reflektiert, was dazu führt, dass der Erwärmungsvorgang unterbrochen wird.

Relativbewegung zwischen Laserstrahl und Werkstück:
In diesem Falle bewegt sich der Laserstrahl ständig von bereits erwärmten Zonen des Werkstücks – in denen sich ähnlich wie oben beschrieben eine Temperaturverteilung mit räumlichen Gradienten zur Ableitung der Wärme ins Innere des Werkstücks ausbildet – zu noch nicht erwärmten kalten Zonen, die durch den Laserstrahl erst aufgeheizt werden müssen. Damit kann sich bei geeigneter Geschwindigkeit ein Gleichgewicht zwischen zugeführter Laserenergie und der für das Aufheizen kalter Regionen nötigen Energie einstellen und es bewegt sich eine Temperaturverteilung mit einem Maximum im Zentrum des Fokus der Laserstrahlung auf der Werkstückoberfläche und einem Absinken der Temperatur in alle Richtungen an der Oberfläche und in die Tiefe des Werkstücks mit dem Laserstrahl über das Werkstück. Nimmt man näherungsweise an, dass der Laserstrahl punktförmig auf die Werkstückoberfläche einwirkt und dass das Werkstück so dünn ist, dass keine Temperaturvariation über die Werkstückdicke auftritt, so liefert die Lösung der Wärmeleitungsgleichung den folgenden Ausdruck für die Temperaturverteilung an der Oberfläche des Werkstücks:

$$T(x, y) = \frac{A}{2\pi\, dK}\, P_{\mathrm{L}} \left[e^{-\frac{vx}{2\kappa}}\, K_0 \left(\frac{v}{2\kappa} \sqrt{x^2 + y^2} \right) \right] \tag{58}$$

P_{L} Laserleistung, d Werkstückdicke, v Verfahrgeschwindigkeit, K Wärmeleitfähigkeit, $\kappa = K/(c_{\mathrm{p}} \cdot \rho)$ thermische Diffusionskonstante, (c_{p} spez. Wärme, ρ Dichte), K_0 modifizierte Besselfunktion 1. Art, 0-ter Ordnung.

Abb. 3.4.6. zeigt die Isothermen dieser Temperaturverteilung für Stahl mit einer Dicke von 5 mm und einer absorbierten Laserleistung von 1000 W sowie einer Verfahrgeschwindigkeit von 5 m/min, die mit Gleichung (58) berechnet wurde. Man erkennt, dass die Isothermen beispielsweise für die Schmelztemperatur T_m in Richtung der Bewegung des Laserstrahls über die Werkstückoberfläche relativ nahe beim Einwirkungspunkt liegen, was darauf zurückzuführen ist, dass infolge des schon erwähnten Vordringens der Temperaturverteilung in noch kalte Regionen eine kräftige Wärmezufuhr nötig ist und daher der Gradient der Temperatur groß sein muss, was dazu führt, dass die Isothermen nahe beisammen liegen. Genau das Gegenteil ist übrigens an der Rückseite der Isotherme der Fall. Ein mittlerer Wert für den Abstand der Isothermen ergibt sich demgemäß in den beiden seitlichen Richtungen.

Gl. (58) ist sehr nützlich, wenn man die Breite etwa der geschmolzenen Zone, die für das Laserschneiden, bei dem das Material durch den Laser aufgeschmolzen und durch einen Gasstrahl ausgetrieben wird, bestimmen möchte.

Will man aber die Temperatur im Zentrum des Brennflecks der Laserstrahlung auf der Werkstückoberfläche kennen, so kann man diese Gleichung nicht verwenden, da sie infolge der als punktförmig angenommenen Einwirkung des Laserstrahles auf der Werkstückoberfläche eine unendlich hohe Temperatur liefert.

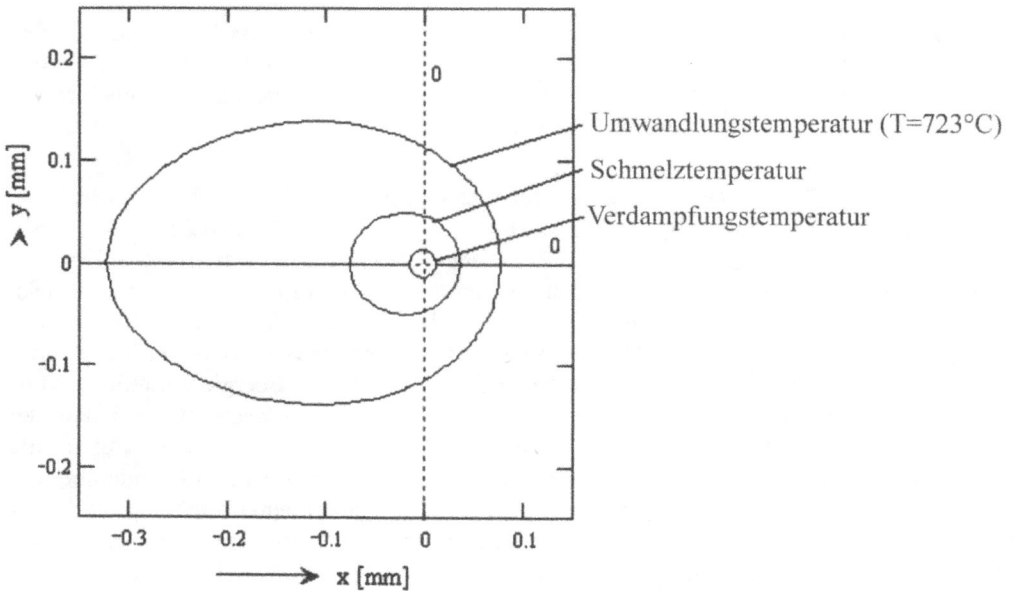

Abb. 3.4.6.: Isothermen der bewegten Punktquelle (Stahl, d= 5 mm, A.P$_L$ = 1000 W, v = 5 m/min)

Berücksichtigt man aber die endliche Ausdehnung des Brennflecks mit dem Radius r_F, so kann man wieder durch Lösung der Wärmeleitungsgleichung einen Ausdruck für die maximale Temperatur gewinnen:

$$T_{max} = \frac{A}{4\pi\, dK}\, P_L \left[-E_i \left(\frac{-v^2 r_F^2}{16\kappa^2} \right) \right] \tag{59}$$

E_i ist das exponentielle Integral.

Gl. (59) zeigt selbstverständlich, dass bei kleinerem Fokusradius die erreichte Temperatur höher wird.

Gl. (58) und (59) verdeutlichen, dass mit steigender Relativgeschwindigkeit zwischen Laserstrahl und Werkstück die Temperaturen, die im Werkstück erreicht werden, kleiner werden, was damit zusammenhängt, dass bei höherer Geschwindigkeit der kühlende Effekt durch das Aufheizen noch nicht erwärmter Regionen verstärkt wird.

Aus Gl. (59) kann auch geschlossen werden, dass zum Erreichen einer bestimmten Temperatur im Werkstück, etwa der Schmelztemperatur, die zum Laserschneiden notwendig ist, das Produkt aus Geschwindigkeit und Werkstückdicke mit steigender Laserleistung ansteigt – eine Relation, die grundsätzlich für alle Laserbearbeitungsvorgänge gilt, weil sich diese ja im Wesentlichen nur durch die notwendige Temperatur unterscheiden:

$$d \cdot v = \text{Funktion}\ (AP_L,\ \text{Materialkonstanten}) \tag{60}$$

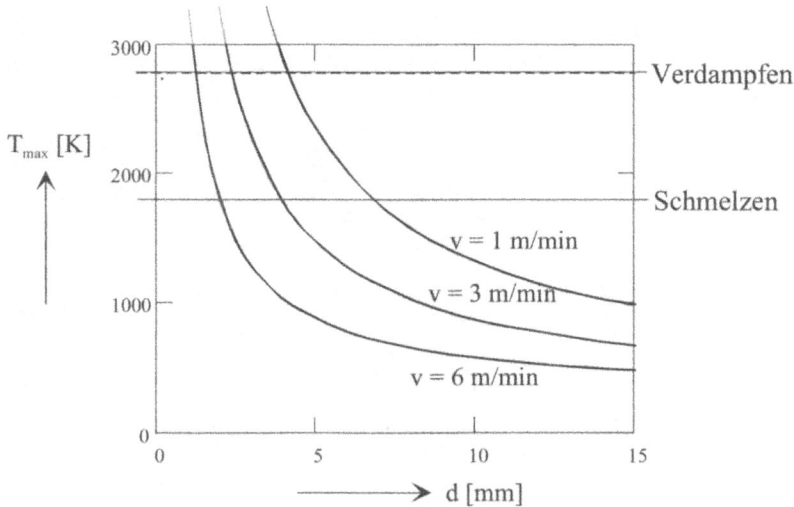

Abb. 3.4.7.: Maximale Temperatur im Fokus der Laserstrahlung

Abb. 3.4.7. zeigt die Abhängigkeit der maximal an der Werkstückoberfläche erreichten Temperatur bei Stahl für verschiedene Verfahrgeschwindigkeiten und Werkstückdicken, woraus zum Beispiel sofort entnommen werden kann, bis zu welcher Dicke mit gegebener Laserleistung Laserschneiden, d.h. Aufschmelzen überhaupt möglich ist, siehe [11].

3.5 Grundsätzliche Bearbeitungsmöglichkeiten mit dem Laser

3.5.1 Temperatur unterhalb des Transformationspunkts bei Stahl

In diesem Temperaturbereich findet keine Änderung des Gefüges statt, es werden aber Wärmespannungen aufgebaut. Diese Wärmespannungen kann man zur Deformation, etwa zum Biegen eines Werkstücks verwenden, indem man mit einem fokussierten Laserstrahl entlang der späteren Biegekante über das Werkstück fährt, womit dieses an der Oberfläche erhitzt wird, sich ausdehnt und damit eine zum Laserstrahl hin konvexe Biegung zustande kommt. In weiterer Folge fließt dann die Wärme zur Unterseite des Werkstücks, so dass es sich an der Oberfläche, wo der Laser eingewirkt hat, wieder zusammenzieht und an der Unterseite ausdehnt. Wird dabei der plastische Bereich erreicht, so bleibt eine permanente Biegung zurück. Mit einem Durchgang des Laserstrahls kann bei Stahl und Aluminium aber nur ein Biegewinkel von wenigen Grad realisiert werden („Laserbiegen").

Kombiniert man aber nun diese Lasererwärmung mit mechanischer Krafteinwirkung beim „Laserunterstützten Biegen", so wird die Fließspannung des Materials durch die Erwärmung verringert und die Bruchdehnung erhöht, womit die mechanischen Biegekräfte reduziert werden können und der kleinste Biegeradius, bei dem gerade noch nicht die Bruchdehnung erreicht wird, verringert wird. Damit können insbesondere spröde Materialien, wie etwa hochfeste Stähle, Titan oder Magnesium, die in kaltem Zustand nur mit einem relativ großen Biegeradius ohne Bruch umgeformt werden können, auch bei kleineren Radien einwandfrei gebogen werden (Abb. 3.5.1).

3.5.2 Temperaturen zwischen Transformationspunkt und Schmelzpunkt

In diesem Temperaturbereich können Kohlenstoffstähle durch die Lasererwärmung in den Bereich eines austenitischen Gefüges gebracht werden, wobei nach dem Weiterwandern des Laserstrahles durch Wärmeleitung in das Innere des Werkstücks eine Selbstabschreckung erfolgt und Martensit mit großer Härte gebildet wird. Damit kann bei Bewegung des Laserstrahls über die Oberfläche eines Werkstücks eine dünne und seichte, gehärtete Spur gezogen werden. Durch Aneinanderreihung von einer Spur an die andere können auch flächenhafte Bereiche oberflächlich gehärtet werden („Lasertransformationshärten").

Abb. 3.5.1.: Titan, kalt und laserunterstützt gebogen

3.5.3 Temperaturen zwischen Schmelzpunkt und Verdampfungspunkt

Durch Aufschmelzen des Materials entlang der vom Laser gezogenen Spur und Selbstab-schreckung kann zunächst durch die Verfeinerung der Kornstruktur ebenfalls eine Aufhär-tung erzielt werden („Rekristallisationshärten").

Weiter kann durch Aufschmelzen des Materials entlang an der vom Laser gezogenen Spur das Material zunächst in einem schmalen Bereich und nahe der Oberfläche geschmolzen werden. Wird dann durch einen seitlich angeordneten, schräg auf die geschmolzene Werk-stückoberfläche auftreffenden Gasstrahl das geschmolzene Material ausgetrieben, so wird das Material in Form einer schmalen und seichten Riefe abgetragen. Durch Aneinanderrei-hung der Riefen kann eine flächenhafte Abtragung erzielt werden.

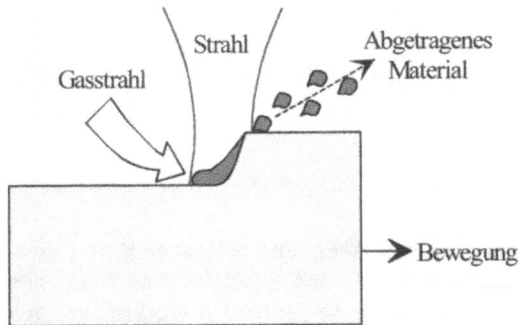

Abb. 3.5.2.: Mechanismus des Laserhobelns

Abb. 3.5.3.: Durch Laserhobeln strukturiertes Werkstück

Abb. 3.5.2. zeigt schematisch den Vorgang des so genannten „Laserhobelns". Abb. 3.5.3. zeigt ein Werkstück, das mit dem obigen Verfahren hergestellt wurde. Ein derartiger Abtragseffekt kann auch erzielt werden, wenn das Material nicht nur schmilzt, sondern sogar verdampft, wobei dann eine Abtragung in dampfförmiger Form zustande kommt.

Wird nun das Werkstück durch einen fokussierten Laserstrahl über seine ganze Tiefe aufgeschmolzen (Abb. 3.5.4.), so kann die Schmelze durch einen koaxial zum Laserstrahl verlaufenden scharf gebündelten Gasstrahl an der Unterseite des Werkstücks ausgetrieben werden, womit das Werkstück durch und durch geschnitten wird („Laserschneiden").

Abb. 3.5.4.: Laserschneiden (Quelle: TRUMPF GmbH & Co. KG)

Werden schließlich zwei Werkstücke stumpf aneinandergespannt und bewegt sich ein Laserstrahl so über die Werkstückoberfläche, dass das Material an der Oberfläche über seine volle Tiefe geschmolzen wird, so fließen die geschmolzenen Bereiche der beiden Werkstücke nach dem Weiterwandern des Lasers zusammen und kühlen dann durch Wärmeleitung in das Innere der beiden Werkstücke ab und erstarren, womit schließlich eine Schweißnaht zwischen den beiden Werkstücken hergestellt wird. Da bei diesem Verfahren die durch den Laser zugeführte Wärme nur durch Wärmeleitung ins Innere des Materials gebracht wird, spricht man hier vom „Wärmeleitungsschweißen". Da dieser Vorgang der Aufheizung des Inneren des Werkstücks nicht sehr effizient ist, ist die Anwendung dieses Verfahrens auf dünne Bleche, im Falle von Stahl bis zu einer Dicke von etwa 1 mm, beschränkt.

Schmilzt der Laserstrahl nicht das Werkstück, sondern ein auf das Werkstück geblasenes Metallpulver (Abb. 3.5.5.) knapp vor dem Auftreffen, so lässt sich dieses Material in Form von Tröpfchen auf der Werkstückoberfläche nieder und verschweißt mit dieser. Damit kann die Oberfläche des Werkstücks mit einer dünnen Schicht eines anderen Materials bedeckt werden, womit beispielsweise Korrosionsfestigkeit oder verringerter Verschleiß erzielt werden. Dabei wird eine flächenhafte Beschichtung mit dem Laser dadurch erreicht, dass eine mit dem Laser hergestellte schmale und niedrige Schicht an die andere gereiht wird („Laserbeschichten"). Ordnet man hingegen eine Spur auf der anderen an, so kann man damit eine Wand aufbauen. Verschiebt man jede Spur gegenüber der darunter liegenden in einem geringen Maße in seitlicher Richtung, so kann man sogar schiefe Wände erzeugen. Damit kann man mit diesem Verfahren ganze Bauteile mit einer dreidimensionalen Geometrie generieren und für Zwecke des „Rapid Prototyping" verwenden (Abb. 3.5.6.).

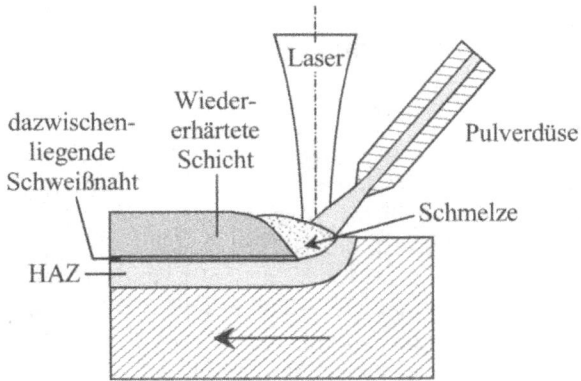

Abb. 3.5.5.: Schema des Laser-Pulverbeschichtens

Abb. 3.5.6.: Rapid Prototyping mit Lasern

3.5.4   Materialbearbeitung bei Temperaturen über dem Verdampfungspunkt:

Selbstverständlich kann bei Erreichen des Verdampfungspunktes Material abgetragen werden, so wie etwa bei dem schon oben erwähnten Laserbohren, wo keine Relativbewegung zwischen Werkstück und Laserstrahl stattfindet. In ähnlicher Weise kann ein durch Linsen aufgeweiteter Laserstrahl mit hinreichend hoher Intensität, die zur Verdampfung des Werkstücks führt, durch eine formgebende Maske auf das Werkstück gerichtet werden, womit dann dort Material innerhalb der durch die Maske bestimmten Kontur durch Verdampfung abgetragen wird und schließlich eine entsprechende Einsenkung in die Werkstückoberfläche zu Stande kommt, womit etwa Reliefs hergestellt werden können (siehe Abb. 3.5.7.).

Andererseits kann natürlich der Laserstrahl mit genügend hoher Intensität, die Verdampfung hervorruft, über die Werkstückoberfläche bewegt werden, womit dann dampfförmiges Material abgetragen und eine seichte schmale Riefe erzeugt wird (ähnlich wie Laserhobeln). Wird dann Riefe an Riefe gereiht, so kommt eine flächenhafte Abtragung zu Stande, wobei durch aufeinanderfolgendes Abtragen von Schichten mit verschiedenen Ausdehnungen und Formen ein dreidimensionales Relief auf dem Werkstück herausgearbeitet werden kann (siehe auch Abb. 3.5.3.).

Eine andere Anwendung der Lasermaterialbearbeitung mit Verdampfung besteht im „Lasertiefschweißen" (siehe Abb. 3.5.8.). Dabei wirkt ein Laserstrahl mit einer zur Erreichung des Verdampfungspunktes hinreichend hohen Intensität auf die Trennlinie zwischen zwei stumpf aneinander gespannten Werkstücken ein und bohrt durch Verdampfung ein Loch von der Oberseite der beiden Werkstücke bis zu ihrer Unterseite. Da dieses Loch mit Metalldampf gefüllt ist, wird es auch als „Dampfkanal" bezeichnet. Dieser Kanal erlaubt es nun der Laser-

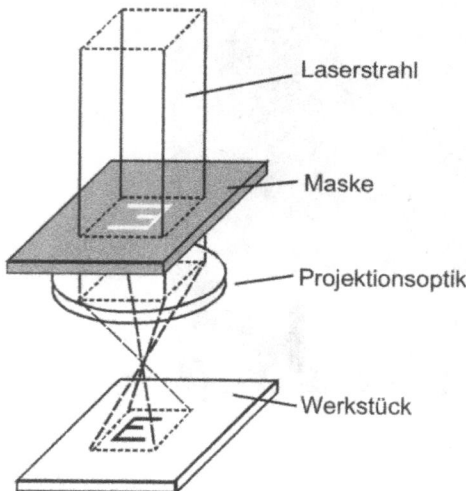

Abb. 3.5.7.: Maskenprojektionstechnik zum Abtragen durch Verdampfung

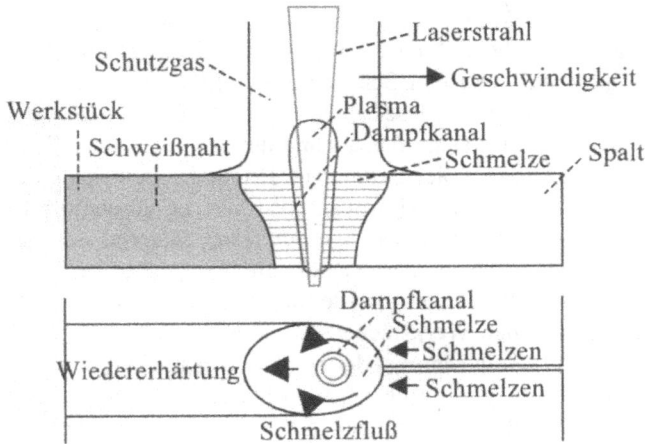

Abb. 3.5.8.: Mechanismus des Lasertiefschweißens

strahlung, in die Tiefe des Werkstücks einzudringen, auch wenn dessen Dicke relativ groß ist (bei Stahl bis zu 10 mm und gegebenenfalls auch mehr). Da die als zylindrisch gedachte Wand dieses Kanals Verdampfungstemperatur aufweist, ist sie von einer geschmolzenen Zone umgeben, die sich in beide zu verschweißende Werkstücke erstreckt und in der die

Abb. 3.5.9.: Lasertiefschweißen von 6 mm dickem Aluminium mit einem 10 kW CO_2-Laser und Zusatzdraht zum Auffüllen der Schweißnaht

Schmelzen beider Werkstücke zusammenfließen. Der Umfang dieser geschmolzenen Zone wird durch die Schmelzisotherme gegeben und ist in Schweißrichtung weniger weit vom Dampfkanal entfernt als an der gegenüberliegenden Rückseite, was schon im Kapitel 3.4.3 erläutert wurde. Damit ähnelt die Geometrie des Dampfkanals und der geschmolzenen Zone einem Schlüsselloch und wird allgemein als „keyhole" bezeichnet. Durch die Bewegung des Laserstrahls über die zusammengespannten Werkstücke bewegt sich nun die geschmolzene Zone in Schweißrichtung vorwärts und schmilzt damit ständig noch festes Material auf. Das Material fließt dann durch die geschmolzene Zone an deren Rückseite, wo es durch Wärmeleitung in die umgebenden Zonen des kalten Werkstücks wieder abgekühlt wird und erstarrt, so dass eine feste Brücke zwischen den beiden Werkstücken, die Schweißnaht, hergestellt wird. Da von der Wand des Dampfkanals ständig Material der beiden Werkstücke verdampft wird, tritt an der Oberseite des Werkstücks wie aus einem Kamin Metalldampf aus. Dieser Metalldampf wird durch die auf das Werkstück auftreffende Laserstrahlung ionisiert und durch Inverse Brennstrahlung stark aufgeheizt und gibt dann seine Wärme an das Werkstück ab, womit ein sehr effizienter Absorptionsmechanismus, die so genannte „abnormale Absorption" (siehe Kapitel 3.4.2) zu Stande kommt. Die Bildung dieses Plasmas an der Oberseite des Werkstücks ist daher für einen effizienten Tiefschweißprozess von ausschlaggebender Bedeutung und kann daran erkannt werden, dass sich eine grell weiß-bläuliche Leuchterscheinung ausbildet (siehe Abb. 3.5.9.). Vgl. hierzu auch [12] und [13].

3.6   Laserschneiden

3.6.1   Mechanismus des Laserschneidens

Abb. 3.6.1. zeigt einen Schnitt durch ein teilweise mit dem Laser geschnittenes Werkstück, wobei man auf der linken Seite des Bildes in den bereits hergestellten Schnittspalt sieht und auf der rechten Seite das noch ungeschnittene Werkstück erkennt. Der fokussierte Laserstrahl wirkt am momentanen Ende des Schnittspalts ein, einer nahezu senkrechten, in Schneidrichtung konvexen Fläche, die als „Erosionsfront" bezeichnet wird. Durch Absorption der Strahlung an dieser Fläche wird diese an der Oberfläche und bis zu einer bestimmten Tiefe geschmolzen. Ein scharf gebündelter Gasstrahl, der koaxial zum Laserstrahl verläuft, bewirkt nun durch Reibung mit der Oberfläche der geschmolzenen Zone das Austreiben von Schmelze an der Unterseite des Werkstücks, wo dann glühendes und geschmolzenes Material in Tröpfchenform als „Funkenregen" davonfliegt. Durch das Vorrücken der Schmelzzone in Schneidrichtung wird ständig an ihrer Vorderseite noch festes Material geschmolzen und an ihrer Unterseite in flüssiger Form ausgetrieben, so dass sich die Schmelzzone mit mehr oder minder konstanter Masse durch das Werkstück bewegt und damit das eigentliche Schneidwerkzeug darstellt.

Fluktuationen der Laserleistung oder im Gasstrahl können nun Fluktuationen des Volumens und der Breite der geschmolzenen Zone senkrecht zur Schneidrichtung verursachen, womit dann die Schnittbreite entlang des Schnittes zeitlich periodische Schwankungen aufweist, die sich als periodische Riefen auf den Schnittkanten widerspiegeln (siehe etwa Abb. 3.6.2.).

Derartige Riefen sind für alle thermischen Schneidprozesse typisch und können auch andere Ursachen als die hier beschriebenen haben.

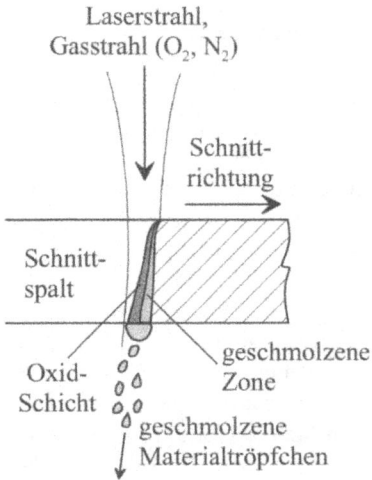

Abb. 3.6.1.: Mechanismus des Laserschneidens

Abb. 3.6.2.: Laserschneiden von Stahl (Foto: Westfalen AG, Münster)

3.6.2   Verfahrensvarianten beim Laserschneiden

a) Laserbrennschneiden
Wird als Prozessgas Sauerstoff verwendet, so kommt zur mechanischen Wirkung des Gasstrahls – nämlich dem Austreiben des geschmolzenen Materials – noch die Erzeugung exo-
thermer Wärme durch die Reaktion zwischen dem geschmolzenen Metall und Sauerstoff,
also Oxydation unter Abgabe von Wärme zu Stande, womit die Schneidleistung, also das
Produkt aus Geschwindigkeit und Werkstückdicke erhöht werden kann (siehe rechnerische
Abschätzung des Laserschneidens 3.6.4.). Darüber hinaus bildet sich an der Oberfläche der
geschmolzenen Zone an der Erosionsfront Metalloxyd (siehe Abb. 3.6.1.), was die Absorption der Laserstrahlung im Falle der Verwendung eines CO_2-Lasers wesentlich verbessert.

b) Hochdruck-Inertgasschneiden
Verwendet man ein inertes Gas wie etwa Stickstoff als Prozessgas, so kommt nur die aus-
treibende Wirkung des Gasstrahls zu Stande und die Schneidleistung wird gegenüber Punkt
a) reduziert, was aber dadurch kompensiert werden kann, dass der Gasdruck um einen Faktor
der Größenordnung 10 erhöht wird, womit dann eine verstärkte Materialabtragung zu Stande
kommt. Darüber hinaus erfolgt keine Oxydation der Schnittflächen, was für den Fall eines
Wiederverschweißens lasergeschnittener Werkstücke den großen Vorteil hat, dass in der
Schweißnaht keine Oxyde, also Schlacke, die die Festigkeit verringern würden, vorhanden
sind.

c) Sublimationsschneiden
Werden Materialien mit dem Laser geschnitten, die vor dem Verdampfen nicht schmelzen,
wie refraktäre Metalle (etwa Wolfram) oder verschiedene Kunststoffe, so bildet sich keine
geschmolzene Zone, sondern es wird am momentanen Ende der Schnittfuge der Erosionsfront direkt Material verdampft.

d) Laserabtragen
Abb. 3.6.3. zeigt ein Werkstück, in dem durch Laserabtragen bereits eine oberfläche
Riefe erzeugt wurde, wobei der Laserstrahl am momentanen Ende dieser Riefe, einer wie
beim Laserschneiden nahezu senkrechten, aber in Abtragsrichtung konvex gekrümmten

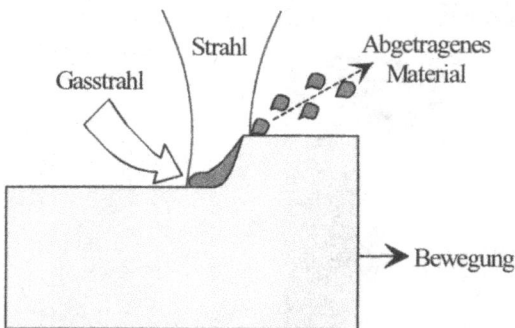

Abb. 3.6.3.: Mechanismus des Laserhobelns

Abb. 3.6.4.: Laserhobeln von Stahl

Fläche, einwirkt und dort das Material schmilzt – allerdings nicht wie beim Laserschneiden über die volle Tiefe des Werkstücks, sondern nur in einer durch Laserleistung, Fokusdurchmesser und Verfahrgeschwindigkeit bestimmten Tiefe. Ein scharf gebündelter Gasstrahl, der nicht wie beim Laserschneiden koaxial zum Laserstrahl, sondern schräg bis tangential zur Werkstückoberfläche verläuft, treibt dann das geschmolzene Material an der Oberseite des Werkstücks aus („Laserhobeln"). Für dieses Verfahren kommt als Gas sowohl Sauerstoff als auch ein inertes Gas sowie Abtragung durch Verdampfung in Frage.

Abb. 3.6.4. zeigt das Abtragen von Werkzeugstahl und Abb. 3.6.5. eine Lasergraviermaschine, bei der der Materialabtrag durch Verdampfung erreicht wird.

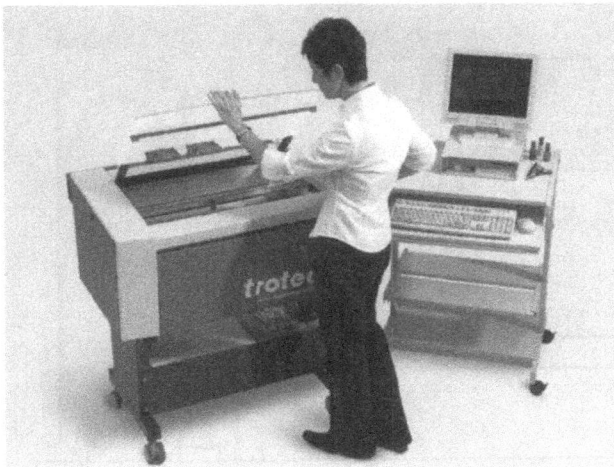

Abb. 3.6.5.: Lasergraviermaschine (Fa. Trotec, Wels/Österreich)

3.6.3   Aufbau einer Laserschneid-Anlage

Abb. 3.6.6. zeigt das Schema einer typischen Laserschneidanlage, wobei der von einem Hochleistungslaser, etwa einem CO_2-Laser mit einer Leistung im Bereich von $1-2$ kW, in horizontaler Richtung abgegebene Strahl durch einen unter 45° zur Vertikalen geneigten Spiegel in senkrechte Richtung umgelenkt wird und dann in den so genannten Schneidkopf eintritt. Dieser Schneidkopf enthält einerseits eine Linse, die den Laserstrahl auf die Oberfläche des Werkstücks fokussiert, sowie an seiner Unterseite eine Düse, die den – wie schon erwähnt für das Austreiben des flüssigen Materials notwendigen – gebündelten Gasstrahl erzeugt. Um eine seine Wirkung verringernde Aufspreizung dieses Gasstrahls nach dem Austritt aus der Düse zu vermeiden, muss sich das Werkstück in einem Abstand von wenigen zehntel Millimeter vom Düsenmund befinden, wobei dieser Abstand zur Erreichung einer gleichmäßigen Schneidqualität konstant gehalten werden muss. Dies erfolgt dadurch, dass der Schneidkopf senkrecht zur Werkstückoberfläche auf und ab bewegt werden kann und ein Sensor, der etwa die Kapazität zwischen Düsenmund und Werkstück misst, den Antrieb dieser Bewegung des Schneidkopfes auf konstanten Abstand steuert. Darüber hinaus muss zum Einlegen des Werkstückes der Bearbeitungskopf in die Höhe gefahren werden, um eine Beschädigung des Düsenmundes zu verhindern. Das Werkstück selbst ruht auf einem Koordinatentisch, der in zwei Richtungen parallel zu seiner Oberfläche bewegt werden kann und damit relativ zum Laserstrahl eine Bahn entsprechend der auszuschneidenden Kontur abfährt.

Um die Freisetzung giftiger Dämpfe oder gefährlicher Stäube beim Schneiden zu verhindern, muss auch noch eine Absaugvorrichtung (in Abb. 3.6.6. nicht gezeigt) so angeordnet werden, dass alle Schneidprodukte zuverlässig entfernt werden.

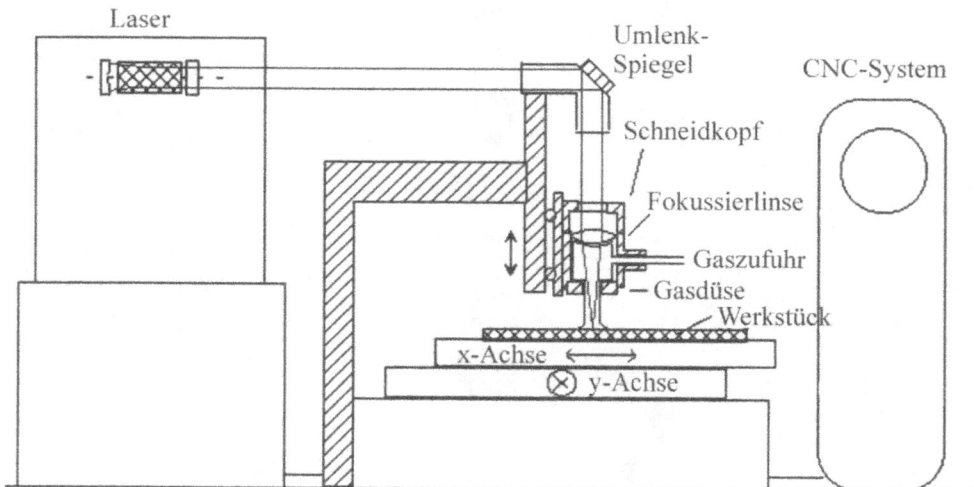

Abb. 3.6.6.: Schematische Darstellung einer Laserschneidanlage

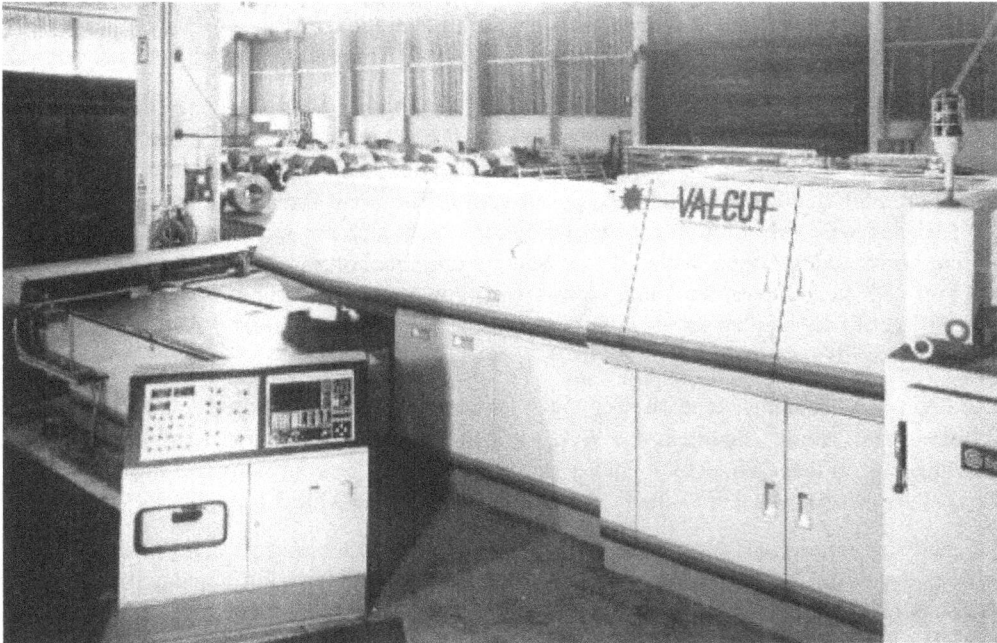

Abb. 3.6.7.: Laserschneidmaschine VALCUT (entwickelt 1980 durch den Autor bei Voest-Alpine Linz)

Ein CNC-System sorgt dann für die Steuerung aller Funktionen der oben beschriebenen Anlage, wie etwa das Einschalten der Absaugung, das Einschalten des Schneidgasstromes und des Lasers und das Abfahren der auszuschneidenden Kontur. Abb. 3.6.7. zeigt ein Foto einer derartigen Laserschneidanlage.

Mit dem oben beschriebenen Schneidsystem können nur ebene Materialien, die blech- oder plattenförmig sind, geschnitten werden. Sollen auch dreidimensional geformte Werkstücke, wie etwa Karosserieteile, geschnitten werden, so sind wesentlich kompliziertere Werkstückbewegungen notwendig, da der Laserstrahl in den verschiedensten Höhenlagen auf die Werkstückoberfläche auftreffen muss, während dafür beim zweidimensionalen Laserschneiden nur die Ebene der Werkstückoberfläche in Frage kommt.

Diese Aufgabe kann dadurch gelöst werden, dass eine dritte lineare Bewegung des Werkstücks oder des Bearbeitungskopfes relativ zum Werkstück ausgeführt wird, wobei dann die Konstanthaltung des Abstands zwischen Düsenmund und Werkstückoberfläche durch eine vierte „autonome" Achse, die nicht durch die CNC-Steuerung, sondern durch einen Abstandssensor betätigt wird, verwendet werden muss. Weiter muss der Laserstrahl immer senkrecht auf die Werkstückoberfläche auftreffen, also relativ zur Horizontalen geneigt verlaufen, um eine elliptische Verzerrung des Brennflecks zu vermeiden. Eine derartige elliptische Verzerrung würde einerseits die Intensität des Laserstrahls im Fokus verringern und damit die Schneidleistung reduzieren und andererseits zu einer Richtungsabhängigkeit des

Schneidvorganges führen, je nachdem, ob der Schnitt parallel zur Haupt- oder zur Nebenachse der Brennfleckellipse verläuft – ein Effekt, der ebenfalls verhindert werden muss.

Um diese Neigung des Laserstrahls je nach der Neigung der Werkstückoberfläche zu realisieren, benötigt man zwei drehbare Spiegel (siehe Abb. 3.6.8.), wobei der erste Spiegel unter einem starren Winkel von 45° zum vertikal einfallenden Laserstrahl geneigt ist und um den Strahl um 360° gedreht werden kann, womit vom reflektierten Strahl eine horizontale Ebene überstrichen wird. Mit diesem Spiegel verbunden dreht sich ein weiterer Spiegel in der besagten horizontalen Ebene, wobei dieser Spiegel um eine horizontale Achse um einen Winkel von 180° gedreht werden kann, womit jeder Punkt des Werkstücks unter einem Winkel von 90° getroffen werden kann, falls dieses eine Neigung kleiner als 90° gegenüber einer horizontalen Ebene aufweist.

Die drei oben genannten Linearbewegungen können am besten mit einem 5-achsigen Portalroboter erzielt werden, bei dem das Werkstück in x-Richtung verfahren wird und der Bearbeitungskopf in den dazu senkrechten y-und z-Richtungen bewegt wird und die zwei Drehspiegel im Bearbeitungskopf selbst untergebracht sind (siehe Abb. 3.6.9.).

Da die Programmierung einer 5-achsigen Bewegung sehr schwierig ist, wird hier das so genannte „teach in"-Verfahren verwendet, bei dem der Schneidkopf durch manuelles Ein- und Ausschalten der fünf Bewegungseinheiten an die gewünschte Stelle und der aus ihm austretende Laserstrahl in der gewünschten Richtung zur Werkstückoberfläche positioniert wird und bei dem diese Positionen dann von der Steuerung gespeichert werden. Werden nun diese Positionen für eine Reihe von Punkten mit vorgegebenem Abstand gespeichert, so kann die CNC-Steuerung dann durch Interpolation eine die besagten Punkte verbindende Kurve auf der Werkstückoberfläche abfahren und jeweils die Achse des Laserstrahles senkrecht zur Werkstückoberfläche justieren. Siehe hierzu auch [14].

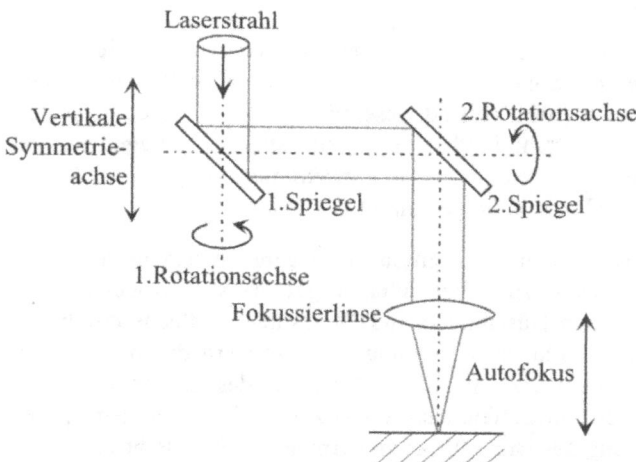

Abb. 3.6.8.: Prinzipielle Anordnung der drehbaren Spiegel zum 3D-Schneiden

Abb. 3.6.9.: 5-achsiger Portalroboter (ISLT der TU Wien 1990)

3.6.4   Rechnerische Beschreibung des Laserschneidens

Obwohl die innere Struktur der geschmolzenen Zone (siehe Abb. 3.6.1.) nicht bekannt ist, können Gleichungen zur Beschreibung des Laserschneidens aus Energie-, Massen- und Impulsbilanzen dieser Zone gewonnen werden. Dabei umfasst die **Energiebilanz** zunächst den Energiegewinn pro Zeiteinheit durch Absorption der Laserstrahlung und durch Reaktionswärme. Diesem Energiegewinn stehen Verluste durch das Aufheizen des Materials im Bereich des Schnittspalts und durch Wärmeleitung (hier vernachlässigt) gegenüber.

(A ... relativer Anteil der absorbierten Leistung an der Strahlleistung P_L, η_g ... relativer Anteil des Strahlenquerschnittes, der auf die Erosionsfront auftrifft, η_R ... oxidierte Masse pro Zeiteinheit, H_R ... Reaktionswärme pro Masseneinheit bei der Bildung von Metalloxid, c_p ... spezifische Wärme, $T - T_a$ ... Temperatur der Erosionsfront abzüglich der Umgebungstemperatur, H_m ... Schmelzenthalpie pro Masseneinheit, w ... Schnittbreite, d ... Werkstückdicke, v ... Schnittgeschwindigkeit, ρ ... Dichte, $w \, dv \, \rho$ ... pro Zeiteinheit aufgeschmolzenes Volumen des Schnittspaltes):

$$A \cdot \eta_g \cdot P_L + \eta_R \cdot H_R = w \, dv \, \rho \cdot [c_p(T - T_a) + H_m] \qquad (61)$$

Die **Massenbilanz** umfasst als Gewinn das pro Zeiteinheit durch das Vorrücken der Erosionsfront aufgeschmolzene Volumen und als Verlust das an der Unterseite des Werkstückes durch Reibung der Schmelze mit dem Gasstrahl mit der Geschwindigkeit v_m ausgetriebene Material (Dicke der Schmelze s):

$$vwd = v_m \cdot w \cdot s \tag{62}$$

Die Abströmgeschwindigkeit der Schmelze v_m kann aus einer **Impulsbilanz** der Schmelze, die die Reibung mit dem Gasstrahl und den Schmelzaustrieb umfasst, berechnet werden, was hier nicht weiter behandelt werden soll.

Die Schmelzfilmdicke s kann durch das Fourier'sche Wärmeleitungsgesetz beschrieben werden (K ... Wärmeleitfähigkeit, T_m ... Schmelzpunkt):

$$s = \frac{w\,dK(T - T_m)}{w\,dv\,\rho[c_p(T - T_a) + H_m]} \tag{62}$$

Die Schnittbreite kann in grober Näherung durch den Fokusdurchmesser des Laserstrahles angegeben werden:

$$w = 2r_F \tag{63}$$

Laserschneiden ist dann möglich, wenn die Energiegewinne nach Gleichung (61) größer sind als die Energieverluste, da nur dann die notwendige Schmelztemperatur aufrechterhalten werden kann. Weiter muss auch der Massenverlust größer sein als der Massengewinn, da nur dann das gesamte aufgeschmolzene Material aus dem Werkstück ausgetrieben werden kann.

Für die verschiedenen in Energie und Massenbilanz vorkommenden Größen können nun Minima und Maxima formuliert werden, womit sich Grenzfälle der Energie und Massenbilanzen ergeben, die den zulässigen Parameterbereich einschließen.

So ergibt sich der maximale Energiegewinn einerseits aus der maximalen Fresnel-Absorption (siehe Kapitel 3.4.) (α ... Einfallswinkel)

$$A(\alpha) = A_{max} \tag{64}$$

und andererseits aus der maximalen geometrischen Nutzung des Strahls durch Vermeidung von Transmission aufgrund einer möglichst flachen Schneidfront, deren Fläche gleich dem Strahldurchmesser ist:

$$\eta_g = 1 \tag{65}$$

$$(P_{abs})_{max} = A(\alpha)\,\eta_g P_L = A_{max} P_L \tag{66}$$

Andererseits ergibt sich die maximale reaktive Wärmeerzeugung bei kompletter Reaktion aller auf die Schneidfront auftreffenden Sauerstoffmoleküle mit dem Werkstück (ρ_G und v_G ... Dichte und Geschwindigkeit des Schneidgases):

$$P_R = 4r_F^2 \rho_G v_G H_R \tag{67}$$

Setzt man diesen maximalen Energiegewinn in die Energiebilanz Gleichung (61) ein, so erhält man eine Gleichung, die die Obergrenze der Temperatur liefert. Diese muss natürlich über dem Schmelzpunkt T_m liegen.

Maximale Massenverluste ergeben sich, wenn die Schmelzgeschwindigkeit gleich der Gasströmungsgeschwindigkeit ist und diese wiederum gleich der Schallgeschwindigkeit c_s (maximale Austrittsgeschwindigkeit einer Düse) ist:

$$v_m = v_G = c_s \tag{68}$$

Setzt man diesen Maximalbetrag der pro Zeiteinheit ausgetriebenen Masse in die Massenbilanz Gleichung (62) ein, so erhält man eine Gleichung, die die Schneidgeschwindigkeit v nach oben begrenzt, da bei höherer Schneidgeschwindigkeit kein vollständiges Austreiben des geschmolzenen Materials erfolgen kann.

Damit kann in einem Temperatur-versus-Schneidgeschwindigkeits-Diagramm ein „Existenzbereich" für das Laserschneiden bestimmt werden, wie in Abb. 3.6.10. für zwei Blechdicken gezeigt ist:

Selbstverständlich wird der Existenzbereich durch die Verdampfungs- und Schmelztemperatur T_v, T_m nach oben und unten hin abgegrenzt, weiter stellt die Massenbilanz mit maximalen Massenverlusten eine mit der Geschwindigkeit leicht ansteigende obere Grenze für die Schneidgeschwindigkeit dar, während die Energiebilanz mit maximalem Gewinnterm eine obere Grenze der Temperatur ist. Die maximal mögliche Schnittgeschwindigkeit ergibt sich aus dem Schnittpunkt der Kurven für die Energie- und Massenbilanz. Naturgemäß verschiebt

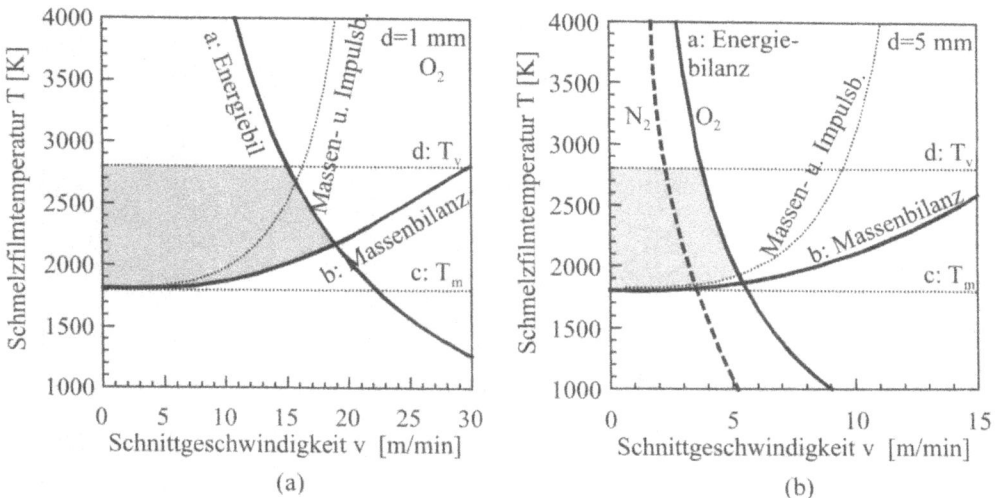

Abb. 3.6.10.: Existenzdiagramm des Laserschneidens für a) 1 mm und b) 5 mm dicken Baustahl; der Arbeitsbereich wird durch die Energie- und Massenbilanz begrenzt, eine Impulsbilanz schränkt den Bereich noch zusätzlich ein. Bild (b) zeigt den Unterschied zwischen Sauerstoff und Stickstoff als Schneidgas.

sich das Energiebilanzlimit mit steigender Blechdicke zu niedrigeren Geschwindigkeiten, wie beim Vergleich des 1 mm Blechs, Abb. 3.6.10.a., mit dem 5 mm Blech, Abb. 3.6.10.b. zu sehen ist. Außerdem verschiebt sich die Kurve beim Übergang vom Brennschneiden (O_2) zum Hochdruck-Inertgasschneiden (N_2) ebenfalls zu niedrigeren Geschwindigkeiten, da die Reaktionswärmeerzeugung entfällt. Aus den Existenzdiagrammen kann eine Aussage getroffen werden, ob das Laserschneiden für eine konkrete Anwendung nahe dem physikalischen Limit betrieben wird oder ob durch Optimierungen noch eine wesentliche Erhöhung der Geschwindigkeit möglich ist. Dies kann durch einen Vergleich mit experimentellen Werten erfolgen, wie in Abb. 3.6.11. für die maximale Schnittgeschwindigkeit in Abhängigkeit von der Blechdicke dargestellt. Die theoretische Verfahrgeschwindigkeit muss natürlich über den experimentellen Werten liegen, da die Theorie nicht alle Phänomene umfasst (z.B. wurde die Wärmeleitung vernachlässigt), siehe auch [15].

3.6.5   Schnittqualität und Schneidleistung

Die *Qualität eines Schnittes* kann geometrisch durch den kleinstmöglichen Krümmungsradius der Schnittkontur, die Breite des Schnittspaltes, die Senkrechtheit der Schnittkanten in Bezug auf die Werkstückoberfläche und die Schärfe der Schnittkanten an der Ober- und Unterseite des Werkstückes sowie die Ebenheit der Schnittflächen charakterisiert werden. Weiter wäre noch die Richtungsunabhängigkeit des Schneidvorgangs zu erwähnen, die dann

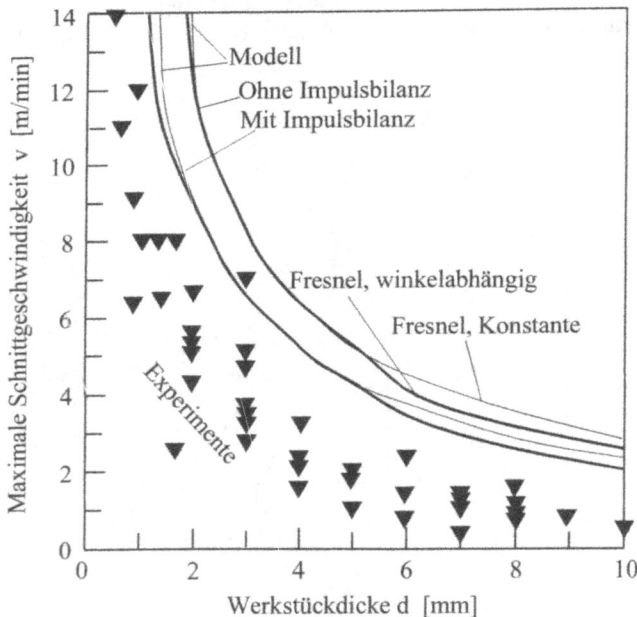

Abb. 3.6.11.: *Theoretische Grenzgeschwindigkeit für verschiedene Modellansätze in Abhängigkeit von der Blechdicke im Vergleich mit experimentellen Werten für das Laserbrennschneiden von Baustahl ($AP_L = 1000W$).*

nicht gegeben ist, wenn einerseits die Laserstrahlung polarisiert ist, weil dann nach Abschnitt 3.4. die Absorption der Strahlung stark von der Polarisierungsrichtung der Lichtwelle abhängt. Andererseits kann eine Richtungsabhängigkeit auch dadurch zu Stande kommen, dass die Achsen des Laserstrahls und des Schneidgasstrahles nicht identisch sind, womit die Schnitteigenschaften in der durch diese beiden Achsen aufgespannten Ebene oder senkrecht zu dieser Ebene verschieden sein müssen.

Die Rauhigkeit der Schnittflächen wird wie in Abschnitt 3.6.1. erläutert durch Fluktuation der geschmolzenen Masse am momentanen Ende des Schnittspalts bestimmt, die ihrerseits vor allem durch zeitliche Schwankungen der Laserstrahlleistung bedingt werden und damit durch die Verwendung besonders gut stabilisierter Laserquellen verringert werden können.

Abb. 3.6.12. bis Abb. 3.6.15. zeigen typische Laserschnitte mit durch sorgfältige Wahl der Parameter des Schneidvorgangs optimierter Qualität für die wichtigsten Materialien, Baustahl, Edelstahl, Aluminium und Plexiglas.

Die Schnittbreite wird durch die seitliche Ausdehnung der Schmelzisotherme (siehe Abschnitt 3.4.3.) bestimmt und liegt in der Praxis im Bereich von wenigen zehntel Millimeter. Diese Schnittbreite stellt eine untere Grenze für den kleinstmöglichen Wert des Krümmungs-

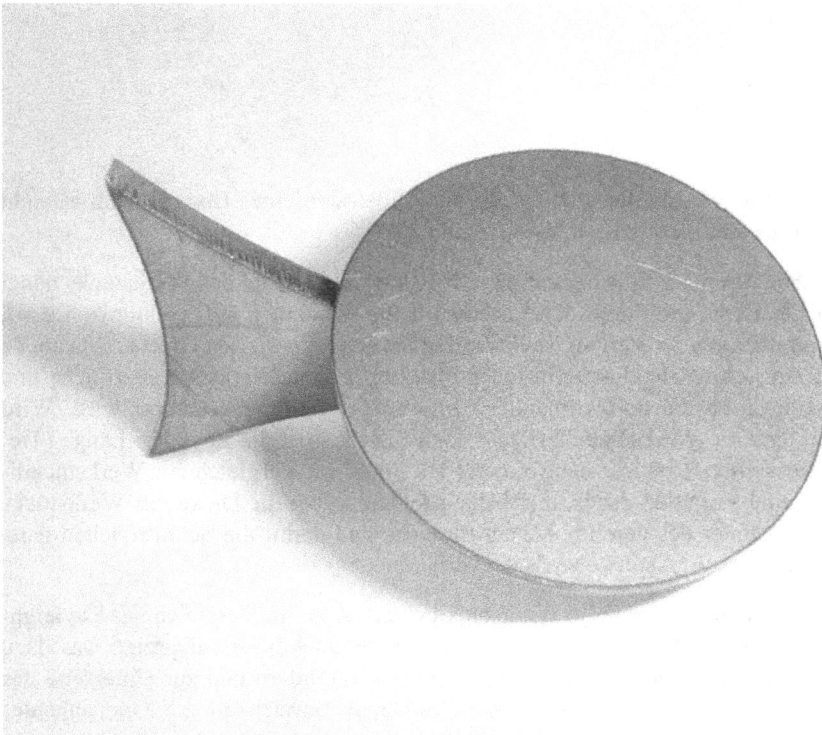

Abb. 3.6.12.: Baustahl

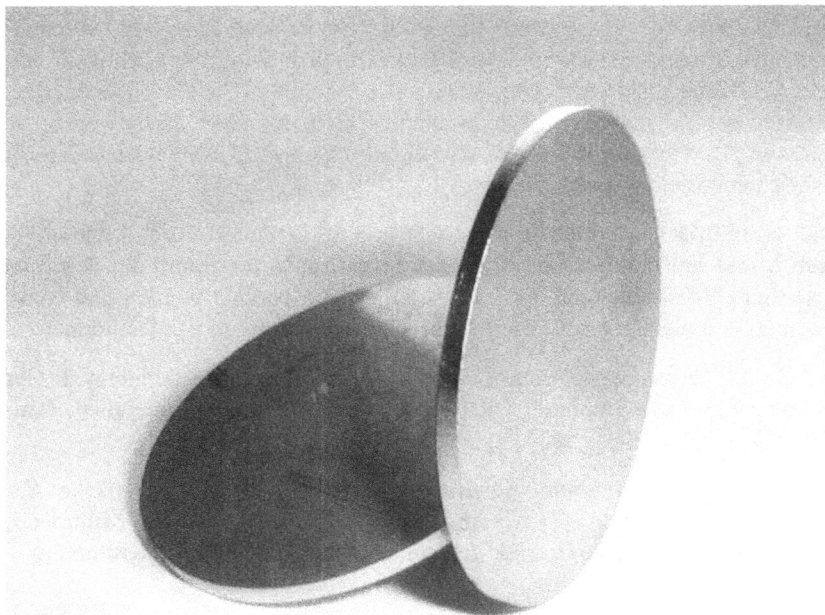

Abb. 3.6.13.: Edelstahl

radius der Schnittkontur dar, da dieser Wert für die Außenseite eines Bogens dann erreicht wird, wenn der Radius an der Innenseite bereits null ist.

Der Winkel zwischen der Schnittfläche und der Ober- bzw. Unterseite des Werkstücks hängt vom Querschnitt der Zone, die durch den Laserstrahl im Werkstück aufgeschmolzen wird, ab. Dieser wiederum hängt vom Verlauf des Strahlrandes des fokussierten Laserstrahls ab, da der Durchmesser der Schmelzisotherme in jeder Ebene zwischen Werkstückoberfläche und Werkstückunterseite durch die dort vorhandene Intensitätsverteilung bestimmt wird. Wird nun der Laserstrahl auf die Werkstückoberfläche fokussiert und ist die Rayleigh-Länge (Tiefenschärfe des fokussierten Strahles, siehe Kapitel 1.2.) groß im Vergleich zur Werkstückdicke, so wird sich keine Variation der Isothermenausdehnung über die Dicke des Werkstücks ergeben, womit die Ränder des geschmolzenen Bereichs und damit die Schnittflächen dann parallel und senkrecht zur Werkstückoberfläche verlaufen.

Ganz anderes ist die Situation, wenn die Werkstückdicke groß ist im Vergleich zur Rayleigh-Länge, weil sich dann der Laserstrahl im Bereich der Werkstückdicke aufspreizt, was dazu führt, dass sich die Abmessungen der Schmelzisothermen verändern und zur Unterseite des Werkstücks hin zunehmen, womit auch der geschmolzene Bereich an der Oberseite des Werkstücks schmäler ist als an seiner Unterseite. Das führt dann dazu, dass die Schnittflächen nicht parallel und senkrecht zur Oberfläche verlaufen.

Abb. 3.6.14.: Aluminium

Abb. 3.6.15.: Plexiglas

Was die Geometrie der Schnittkanten an der Oberseite und an der Unterseite des Werkstücks betrifft, so wird unter Umständen an der Oberseite des Werkstücks ein „Grat" zu Stande kommen, was durch ein Aufwallen des geschmolzenen Materials senkrecht zur Oberfläche des Werkstücks, etwa infolge eines zu hoch gewählten Schneidgasdruckes bedingt wird. An der Unterseite des Werkstücks kann ein so genannter „Bart" anhaften, was durch ein unvollständiges Austreiben der Schmelze zu Stande kommt, das durch einen zu kleinen Schneidgasdruck bedingt sein kann.

In metallurgischer Hinsicht spielt die Härte der Schnittflächen und ihre allfällige Oxydation eine Rolle.

Die *Schneidleistung*, die hier als Produkt von Schnittgeschwindigkeit und Werkstückdicke definiert wird, kann mit den Ergebnissen aus Abschnitt 3.6.4. abgeschätzt werden.

Diese Berechnungen zeigen, dass die Schneidleistung durch die absorbierte Laserleistung und die thermischen Eigenschaften des Werkstückes bestimmt wird, wobei vorausgesetzt wurde, dass mit einem Gauß'schen Strahl geschnitten wird.

In der Praxis kann man mit Lasern bei Stahl Werkstück-Dicken bis etwa 10 Millimeter, bei Aluminium etwa 6 – 8 Millimeter und bei Kunststoffen bis zu 100 Millimeter schneiden.

In Abschnitt 3.6.4. wurde gezeigt, dass die Laserleistung das pro Zeiteinheit aufgeschmolzene Volumen und damit bei gegebener Werkstückdicke und Schnittgeschwindigkeit im Prinzip die Schnittbreite bestimmt, was nicht im Widerspruch zu der obigen Aussage, dass die Schnittbreite durch die seitliche Ausdehnung der Schmelzisotherme bestimmt wird, steht, da aus Gleichung (58) für die bewegte Linienquelle hervorgeht, dass die Schmelzisotherme mit steigender Schnittgeschwindigkeit schmäler wird.

Wird nun eine Kontur durch Relativbewegung des Werkstücks mittels eines xy-Koordinatentisches geschnitten und ist der Krümmungsradius klein, so wird die Schnittgeschwindigkeit, also auch die Verfahrgeschwindigkeit des Werkstücks durch die CNC-Steuerung und die Antriebsmotoren des Koordinatentisches verringert, um die seitlich auftretenden Fliehkräfte, die eine Abweichung der tatsächlich abgefahrenen Bahn von der programmierten Bahn verursachen würden, auf ein akzeptables Maß zurückzuführen. Daher ist auch die Verringerung der Verfahrgeschwindigkeit umso größer, je kleiner der abgefahrene Krümmungsradius ist. Damit wird aber bei konstanter Laserleistung beim Durchfahren von Stellen mit scharfer Krümmung die dem Werkstück pro Zeiteinheit zugeführte Energie und damit die Schnittbreite viel größer werden als in Bereichen mit weitgehend geradliniger Bewegung und hoher Verfahrgeschwindigkeit, was eine starke Beeinträchtigung der Schnittqualität bedeutet.

Zur Lösung dieses Problems wird der Laser, der beim Abfahren annähernd gerader Konturenteile kontinuierlich strahlend betrieben wird, beim Erreichen von Konturteilen mit scharfen Krümmungen auf gepulsten Betrieb umgeschaltet. In dieser Betriebsart kann dann das Tastverhältnis, also das Verhältnis von Pulsdauer zu Pulspausen, insbesondere bei den modernen Lasern verändert werden, womit auch die mittlere Laserstrahlleistung verkleinert werden kann.

3.6.6 Vergleich des Laserschneidens mit anderen Verfahren zur Herstellung beliebig geformter Konturen

Beliebig geformte Konturen weisen an bestimmten Stellen, etwa Ecken, die schon oben erwähnten kleinen Krümmungsradien auf. Diese können nach 3.6.5. aber nur dann ausgeschnitten werden, wenn die Schnittbreite ebenfalls sehr klein ist, etwa beim Schneiden von Ausnehmungen nicht größer als der in der Kontur kleinste vorkommende Krümmungsradius. Damit kommen für das Schneiden beliebiger Formen nur Strahlverfahren mit ihrer auf einen kleinen Fleck fokussierten Einwirkung der zum Schneiden verwendeten Energie in Frage. Diese Energie kann entweder *thermischer* Natur sein, wobei neben dem Laser auch elektrische Lichtbögen und Plasmastrahlen (siehe Kapitel 2.) in Frage kommen. Darüber hinaus kann die Energieeinwirkung zum Schneiden auch auf *mechanischem* Wege erfolgen und zwar einerseits beim Nibbeln durch die Ausübung eines hohen Drucks auf die Werkstückoberfläche, die zum Abscheren des Werkstücks führt, oder durch Reibung eines scharf gebündelten Wasserstrahls, der außerdem noch Hartstoffe mit sich führt, am momentanen Ende des Schnittspalts.

Beim Schneiden mit einem Plasmastrahl, der schon in Kapitel 2 ausführlich behandelt wurde, wird einerseits nicht die kleine Schnittbreite des Laserschneidens erzielt, da der Durchmesser des Plasmastrahls erheblich größer ist als der eines fokussierten Laserstrahls. Es findet eine viel stärkere Energiezufuhr zum Werkstück statt, da ja ein viel breiterer Bereich entlang der Mittellinie des Schnittspalts geschmolzen werden muss. Damit werden einerseits die Kanten der Schnittfläche an der Ober- und an der Unterseite des Werkstücks aufgeschmolzen und abgerundet und andererseits kann es auch bei wärmeempfindlichen Materialien und feinen Strukturen zu Deformationen durch Wärmespannungen kommen oder sogar Teile des Werkstücks verbrennen. Da die Werkstückdicke beim Plasmaschneiden allerdings nicht durch die Rayleigh-Länge begrenzt wird (siehe Abschnitt 1.2.) können auch größere Werkstückdicken als mit dem Laser geschnitten werden. Darüber hinaus sind die Anschaffungskosten für Plasmaschneidgeräte um eine Größenordung niedriger als für Laseranlagen.

Beim Nibbeln wird mit einem Stanzwerkzeug mit kleinem Durchmesser entlang der Schnittkontur ein Loch an das andere gesetzt, so wie es auch im Hausgebrauch mit einer einfachen Bohrmaschine gelingt, fast beliebige Konturen auszuschneiden. Bei diesem Verfahren ist natürlich auch die Werkstückdicke in Anbetracht der für die Scherung nötigen Kräfte begrenzt, so dass etwa der Dickenbereich des Lasers erreicht wird. Allerdings ist die Schnittqualität dadurch gekennzeichnet, dass sie mit Ausnahme gerader Schnitte bei angenommenem rechteckigem Querschnitt des Werkzeugs eine sägezahnförmige Struktur aufweist. Darüber hinaus ist das Nibbeln durch das ständige periodische Aufschlagen des Stanzwerkzeugs auf das Werkstück sehr lärmend, ein Nachteil, der schon oft zur Substitution durch das Laserschneiden, das etwa dieselben Schneidleistungen wie das Nibbeln erzielt, geführt hat.

Beim Wasserstrahlschneiden (siehe Abb. 3.6.16.) wird Wasser mit einem Druck von 400 MPa durch eine enge Düse gebündelt und noch mit Hartstoff wie z.B. Sand durchmischt. Es trifft dann auf die Werkstückoberfläche auf, wobei durch den Staudruck am momentanen Ende des Schnittspalts (siehe Abb. 3.6.17.) das Material ermüdet wird und Risse

Druckumwandler 1:20   p = 400MPa

CNC-Einheit

Wasser

Kontrollventil

Hydraulikpumpe
20MPa

Schneidkopf

Hartstoffe

Werkstück

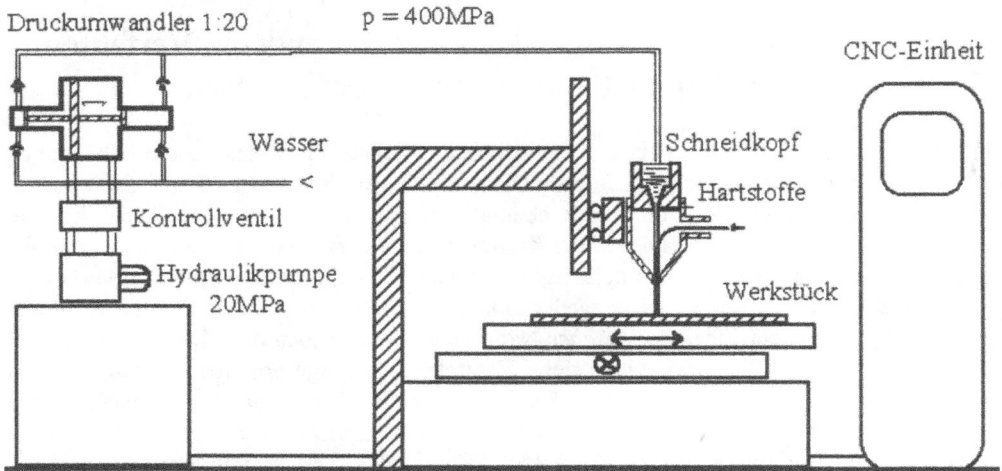

Abb. 3.6.16.: Hochdruckwasserstrahl-Schneidanlage

bekommt und durch Reibung des Wasserstrahls und der Hartstoffpartikel mit dem momentanen Ende der Schnittspalte das ermüdende Material in Bröckchenform herausgerissen und an der Unterseite des Werkstücks ausgetrieben wird. Bei diesem Verfahren kann im Vergleich zum Laserschneiden eine wesentlich höhere Werkstückdicke (z.B. bei Aluminium 30 mm)

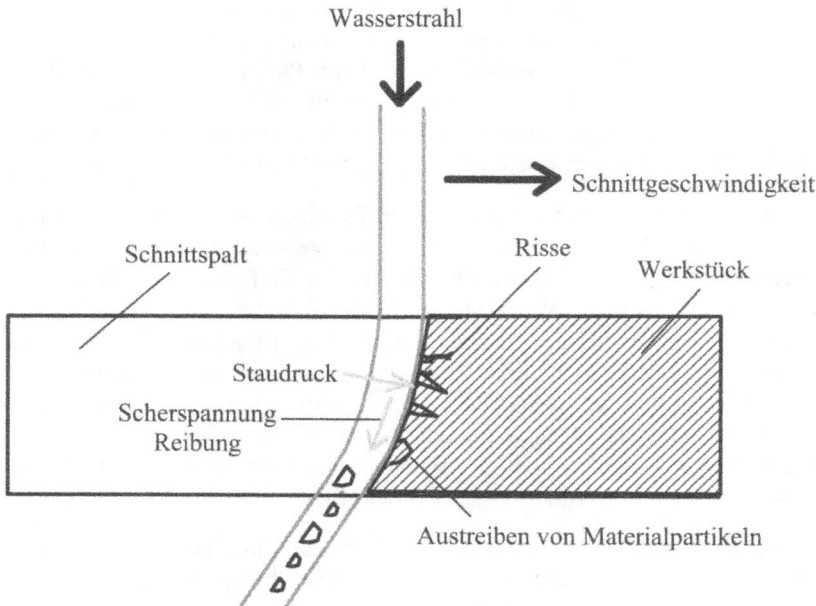

Wasserstrahl

Schnittgeschwindigkeit

Schnittspalt

Risse

Werkstück

Staudruck

Scherspannung
Reibung

Austreiben von Materialpartikeln

Abb. 3.6.17.: Mechanismus des Wasserstrahlschneidens

erzielt werden. Allerdings sind die Kosten pro Einheit der Schnittlänge viel höher als bei dem zuvor genannten Verfahren, weil insbesondere durch die Reibung zwischen dem Hartstoff und der Düse eine starke Abnützung auftritt, obwohl diese aus Saphir – der besonders hart ist – gefertigt wird.

Beiden mechanischen Verfahren ist es gemein, dass keine Wärme zugeführt wird und daher wärmeempflindliche Materialien und Strukturen einwandfrei bearbeitet werden können, was wie schon erwähnt bei der Laser- und Plasmatechnik nicht der Fall ist. Andererseits werden aber bei beiden mechanischen Verfahren, zum Unterschied von der Laser- und Plasmatechnik starke Kräfte auf das Werkstück ausgeübt, so dass weiche Materialien und feine Strukturen nicht ohne Beschädigung des Werkstücks bearbeitet werden können.

4 Umformtechnik

4.1 Grundlagen der Umformung

4.1.1 Elastische und plastische Verformung

a) Zugbelastung
Wirkt auf ein stabförmiges Metallteil mit der Länge l_0 und dem Querschnitt S_0 an den beiden Stirnseiten eine Zugkraft F ein, so wird der Stab verlängert (Abb. 4.1.1.).

Da die Anzahl der Atome pro Volumeneinheit dabei natürlich konstant bleibt und sich auch ihr Abstand kaum verändert, muss das Volumen des Materials konstant bleiben, was dazu führt, dass der Querschnitt des Stabs abnimmt. Sind die an den beiden Enden des Stabs einwirkenden Kräfte nicht zu groß, so bildet sich diese Deformation bei Wegnehmen der Belastung wieder vollständig zurück. In diesem Fall spricht man von *elastischer Deformation*. Mikroskopisch gesehen werden dabei die Atome im Kristallgitter in Richtung der einwirkenden Kräfte voneinander weggezogen, wobei die von außen einwirkenden Kräfte zur Überwindung der bei Entfernung der Atome aus ihrer Ruhelage wirkenden Anziehungskräfte dienen. Dieser Vorgang ähnelt dem Spannen einer Feder, weil man sich die Atome im Gitter wie mit Federn aufgehängt denken kann. Nur in den Ruhelagen sind diese Federn entspannt, während bei Entfernen der Atome aus ihren Ruhelagen jeweils eine Feder gespannt und eine andere zusammengedrückt wird, sodass dabei Kräfte zu überwinden sind. Aufgrund dieser Vorstellung federn die Atome nach Wegfall der äußeren Kräfte wieder in ihre Ruhelagen, die Deformation wird völlig aufgehoben.

Die relative Verlängerung des Werkstücks in Richtung der Längsachse $\varepsilon = \Delta l / l_0$, die *Dehnung*, steigt dabei nichtlinear mit steigender Zugkraft F an (Abb. 4.1.2.), da die Verlängerung

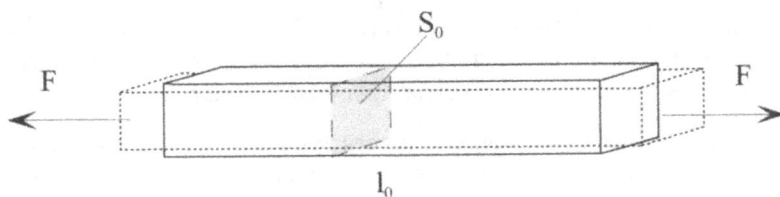

Abb. 4.1.1.: Stab unter Zugbelastung

Spannung $\sigma = F/S_0$

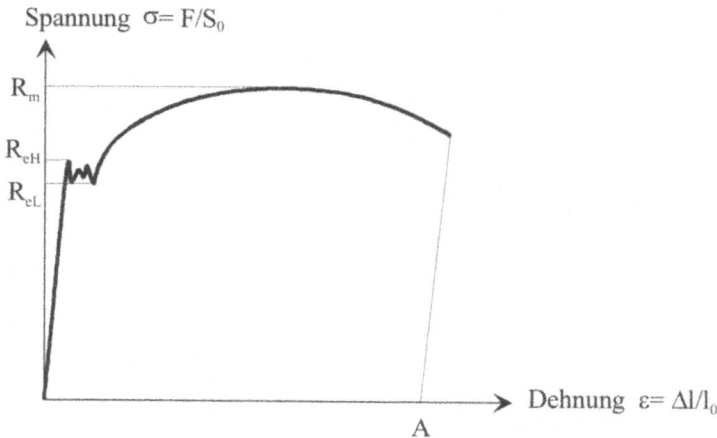

Abb. 4.1.2.: Spannungs-Dehnungs-Diagramm eines Werkstoffs mit ausgeprägter Streckgrenze

des Werkstücks nicht der Zugkraft, sondern der Zugspannung $\sigma = F/S$ (S aktueller Querschnitt des Werkstücks) proportional ist und die Querschnittsfläche S mit zunehmender Verlängerung des Werkstücks kleiner wird. Damit steigt die effektiv wirksame Spannung σ stärker an als die einwirkende Zugkraft, sodass die Dehnung ε mit steigender Kraft überlinear zunimmt. Nur bei sehr kleinen Kräften steigt die Dehnung mit der Zugkraft linear an, wobei der Anstieg der Tangente im Ursprung entspricht. In diesem Bereich gilt dann ein linearer Zusammenhang zwischen Zugspannung und Dehnung.

$$\varepsilon = \frac{\sigma}{E} \tag{69}$$

Dieses Gesetz wird als *Hooke'sches Gesetz* bezeichnet. Der auftretende Proportionalitätsfaktor E wird *Elastizitätsmodul* genannt und ist charakteristisch für den jeweiligen Werkstoff (Zahlenwerte siehe Tab. 4.1.).

Werden die Zugkräfte weiter gesteigert, so wird schließlich ein Grenzwert erreicht, ab dem die Verlängerung des Stabes nach Wegnahme der Belastung nicht mehr vollständig rückgängig zu machen ist, was man als *plastische Verformung* bezeichnet. Die Zugspannung, bei der Plastizität einsetzt, wird als *obere Streckgrenze* R_{eH} bezeichnet (Zahlenwerte siehe Tab. 4.1.). Genau betrachtet zeigt Abb. 4.1.2., dass ab der Spannung R_{eH} Oszillationen der Zugspannung auftreten, wobei die Charakterisierung dieses Verhaltens durch den Maximal- und den Minimalwert der Spannung in diesem Bereich, nämlich durch die bereits eingeführte obere Streckgrenze R_{eH} und die *untere Streckgrenze* R_{eL} (siehe Abb. 4.1.2.) erfolgt.

Nach Überschreiten des Bereichs der Oszillationen zwischen R_{eH} und R_{eL} steigt die relative Verlängerung des Werkstücks mit zunehmender Kraft (Zugspannung) immer stärker an. Wird eine bestimmte Spannung R_m, die *Zugfestigkeit*, überschritten, so beginnt der Metallstab, dessen Querschnitt sich bisher bei Steigerung der anliegenden Zugkraft über seine gan-

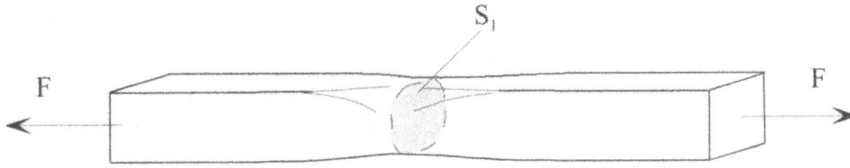

Abb. 4.1.3.: Einschnürung und Bruch eines Stabes bei Erreichen der Zugfestigkeit R_m

ze Länge gleichmäßig verringert hat, an einer Stelle, an der zufälligerweise irgendeine Schwächung des Materials – etwa durch Gitterfehler – vorhanden ist, einzuschnüren (Abb. 4.1.3.), wobei dann die im Bereich dieser Einschnürung wirksame Spannung stark ansteigt, auch wenn die außen am Werkstück einwirkenden Kräfte konstant bleiben. Nach Erreichen dieses Punktes erfolgt dann ein Selbständigwerden des Prozesses, wobei sich Ausdehnung, Einschnürung und damit Steigerung der Spannung und neuerliche Ausdehnung so weit auf-schaukeln, bis das Material dann bei Erreichen einer kritischen Dehnung, der so genannten *Bruchdehnung A*, bricht. Oberhalb der maximalen Zugkraft und damit der Zugfestigkeit wird die Spannungs-Dehnungskurve infolge der Instabilität durch Einschnürung, die schließlich zum Zerreißen führt, von außen nicht mehr beeinflussbar, so dass sich kein stabiler Punkt mehr einstellen lässt. Dabei fällt dann die Spannungs-Dehnungskurve wieder ab, was damit zusammenhängt, dass das Werkstück nach oder während des Einschnürens nur mehr immer kleinere Kräfte aufnehmen kann.

Das soeben beschriebene Verhalten eines Werkstoffs mit ausgeprägter oberer und unterer Streckgrenze nach Abb. 4.1.2. ist beispielsweise typisch für Baustahl. Ein ganz anderes Ver-halten zeigen hingegen spröde Werkstoffe, wie etwa Grauguss. Diese Materialien können nur wenig verformt werden, was zur Folge hat, dass die Spannungs-Dehnungskurve steil ansteigt und ihr Maximum bereits bei einer relativ kleinen Dehnung erreicht, allerdings bei einem relativ hohen Wert der Spannung. Derartige Materialien weisen eine hohe Zugfestigkeit R_m auf (Abb. 4.1.4.). In diesem Fall tritt unter Zugbelastung praktische keine Einschnürung des Werkstücks ein und der Bruch erfolgt unmittelbar bei Erreichen der Zugfestigkeit R_m.

Bei weichen und duktilen Materialien ist hingegen die Verformung wesentlich leichter zu bewirken, womit die Spannungs-Dehnungskurve relativ flach verläuft und eine sehr große maximale Dehnung bei einer kleinen maximalen Spannung zustande kommt. Die Zugfestig-

Tab. 4.1. Kenngrößen verschiedener Werkstoffe (^{l} ... Wert nicht verfügbar):
E ... Elastizitätsmodul, R_{eH} ... obere Streckgrenze, $R_{p0,2}$ ... Ersatzstreckgrenze, R_m ... Zugfestigkeit, σ_{dB} ... Druckfestig-keit, A..... Bruchdehnung

	E [N/mm²]	R_{eH} [N/mm²]	$R_{p0,2}$ [N/mm²]	R_m [N/mm²]	σ_{dB} [N/mm²]	A [%]
Stahl (S235JR)	2.1×10^5	235	–	340–470	$-^l$	25
Gusseisen (GGG42)	1.7×10^5	–	280	420	900	15
Aluminium (AlMg3)	0.7×10^5	–	80	190	$-^l$	20
Titan	1.1×10^5	–	240	330	$-^l$	30

keit R_m derartiger Materialien, wie etwa niedrig gekohlter Stähle, ist dann relativ gering (Abb. 4.1.4.).

Da bei spröden und duktilen Werkstoffen die Angabe einer oberen Streckgrenze R_{eH} nicht möglich ist, wird dort die so genannte Dehngrenze bei nichtproportionaler Dehnung $R_{p0.2}$, auch *Ersatzstreckgrenze* genannt, angegeben. Diese ist als diejenige Zugspannung definiert, bei der nach Wegnahme der Spannung eine Dehnung von 0,2% zurückbleibt (siehe Abb. 4.1.4.). Man erhält $R_{p0.2}$ als Ordinate des Schnittpunktes der Spannungs-Dehnungs-Kurve mit einer Geraden, die parallel zur Tangente der Spannungs-Dehnungs-Kurve im Ursprung verläuft und die Abszisse bei $\varepsilon = 0,002$ (entspricht einer verbleibenden Dehnung von 0,2%) schneidet.

Die obere Streckgrenze R_{eH} bzw. die Ersatzstreckgrenze $R_{p0.2}$ eines Materials wird in der Regel durch eine erhöhte Temperatur verringert (siehe Abb. 4.1.5.), da bei höherer Temperatur – wie später noch erläutert werden wird – die Verformung grundsätzlich erleichtert wird, was letzten Endes mit dem Aufweichen der Gitterbindungen durch verstärkte thermische Bewegung zusammenhängt. Dabei nimmt die Bruchdehnung A mit steigender Temperatur ständig zu, wobei die Zugfestigkeit im selben Maße abnimmt. Beim Erreichen des Schmelzpunkts ist dann das Material infolge des Übergangs zur flüssigen Phase beliebig ausdehnbar, die Zugfestigkeit ist praktisch auf null gesunken.

b) Druckbelastung

Wird auf das Werkstück eine Druckbelastung ausgeübt, so wird dieses in zunehmendem Maße gestaucht und infolge der notwendigen Volumenkonstanz dessen Querschnitt vergrößert. Damit sinkt die effektiv am Werkstück wirkende Spannung mit steigender Verkürzung

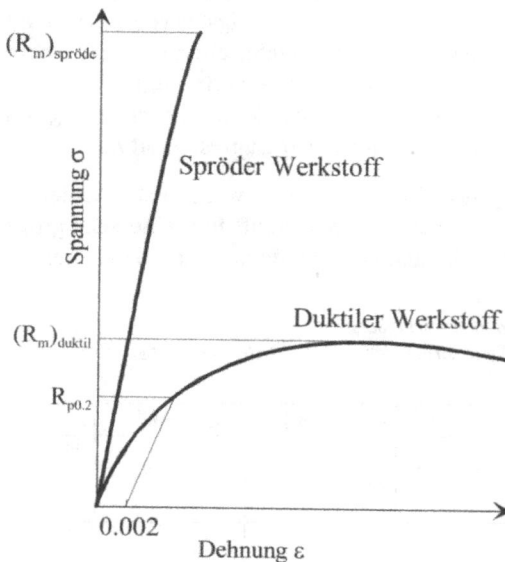

Abb. 4.1.4.: Spannungs-Dehnungs-Diagramme eines spröden und eines duktilen Werkstoffs

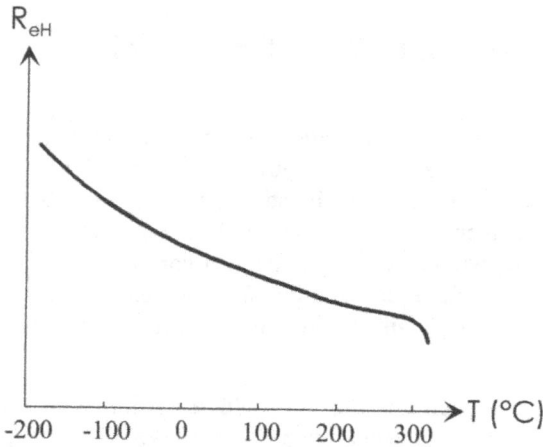

Abb. 4.1.5.: *Änderung der oberen Streckgrenze R_{eH} von geglühtem Baustahl in Abhängigkeit von der Temperatur (schematisch)*

des Werkstücks immer stärker ab, was bedeutet, dass für eine zunehmende Verformung die außen anliegenden Druckkräfte überproportional ansteigen müssen (Abb. 4.1.6.). Bei Erreichen der *Druckfestigkeit* σ_{dB} des Werkstoffes tritt dann schließlich der Bruch des Materials auf, wobei der Riss meist in Richtung der maximalen Schubspannung, das ist 45° zur Druckrichtung, auftritt.

Generell ist die Druckfestigkeit eines Werkstoffs erheblich höher als die Zugfestigkeit (siehe Tab. 4.1.). Der Grund dafür liegt einerseits darin, dass die entsprechenden Spannungen immer als das Verhältnis zwischen der einwirkenden Kraft und dem Anfangsquerschnitt S_0 der Probe bestimmt werden, womit sich die gegenläufigen Querschnittsänderungen beim Zug- und beim Druckversuch entgegengesetzt auswirken. Andererseits sind aber auch die physikalischen Mechanismen, die unter Zug- bzw. Druckbelastung zum Bruch führen, unterschiedlich.

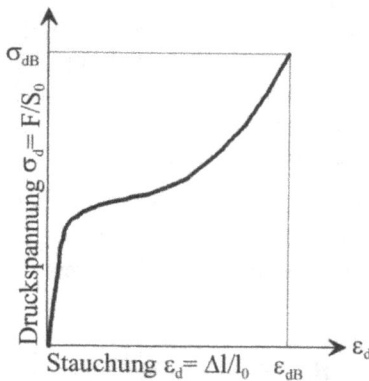

Abb. 4.1.6.: *Spannungs-Stauchungskurve: Bei der Druckfestigkeit σ_{dB} und der zugehörigen Bruchstauchung ε_{dB} tritt die Zerstörung des Werkstücks auf*

4.1.2   Einfluss von Gitterfehlern auf die Verformbarkeit

a) Einführung

Fehlerlose *Einkristalle* mit völlig ungestörtem Kristallgitter sind nur schwer zu verformen, weil dazu die Bindungen zwischen den einzelnen Gitteratomen aufgebrochen werden müssen, um eine weiter gehende Verformung als im Bereich der Elastizität zu erreichen. Dafür sind sehr hohe Kräfte erforderlich. In solch einem völlig fehlerlosen Gitter sind bei Abwesenheit äußerer Kräfte, die auf das Material einwirken, keine Spannungen vorhanden, da alle Gitteratome an den Stellen sind, wo sich die anziehenden und die abstoßenden Wirkungen der einzelnen Atome aufheben, was zumindest dann gilt, wenn man die thermische Bewegung der Atome nicht berücksichtigt.

Weist nun das Gitter eines Kristalls Abweichungen von der regelmäßigen Anordnung der Atome auf, so führt das dazu, dass nicht alle Atome an den Stellen sitzen, wo keine Kraft auf sie ausgeübt wird, und daher zumindest auf einen Teil der Atome doch Kräfte einwirken, sodass insgesamt im Kristall auch bei Abwesenheit äußerer Kräfte Spannungen entstehen.

Werden von außen eingeleitete Kräfte von diesen inneren Spannungen so überlagert, dass beide einander verstärken, so kann ein Aufreißen einzelner Gitterbindungen schon bei geringeren auf das Werkstück einwirkenden Kräften erfolgen als im Falle eines ungestörten Gitters, was eine Deformation erleichtert. Damit eröffnet also erst das Auftreten von Gitterfehlern in Kristallen die Möglichkeit, diese Materialien umzuformen. Kristalle mit ungestörtem Gitter können praktisch nicht umgeformt werden. Allerdings tragen nicht alle möglichen Arten von Gitterfehlern zu einer leichteren Verformbarkeit bei, wobei zunächst punktförmige Fehler des Kristallgitters wie etwa Zwischengitterplätze oder Substitutionsstörstellen keine wesentliche Rolle spielen und nur flächenhafte Gitterfehler, wie etwa *Zwischengitterebenen* und *Versetzungen* von Bedeutung sind, da sie bei Bewegung durch den Kristall infolge von äußeren Kräften von einer Außenseite des Kristalls zur gegenüberliegenden Außenseite wandern können, womit das Werkstück auf der erstgenannten Seite Material verliert und auf der letztgenannten Seite Material gewinnt, sodass insgesamt eine Deformation erfolgt.

In der Folge soll nun vor allem auf eine Art von Gitterfehlern, nämlich Zwischengitterebenen, eingegangen werden, wobei zunächst erläutert wird, wieso sich ein derartiger Gitterfehler unter Einwirkung äußerer Kräfte durch den Kristall bewegen kann, entlang welcher Ebene und in welcher Richtung diese Bewegung verläuft, wie sich derartige Kristallfehler durch mechanische Verformung oder durch Erhöhung der Temperatur vermehren, wie sie untereinander in Wechselwirkung treten und wie sie sich an den Korngrenzen verhalten.

Damit lassen sich dann alle grundlegenden Phänomene der Umformtechnik, wie Kalt- und Warmverformung, Verfestigung während der Verformung und Rekristallisation zur Rückgängigmachung der mit der Verformung einhergehenden Änderung des Gefüges erklären.

b) Zwischengitterebenen und ihre Beweglichkeit im Kristall

Zwischengitterebenen sind Atomebenen, von denen nur eine Hälfte mit Atomen besetzt ist (Abb. 4.1.7.). In der Umgebung des Endes oder Randes der Zwischengitterebenen werden nun auf die Atome der benachbarten Gitterebenen dadurch Kräfte ausgeübt, dass die zu-

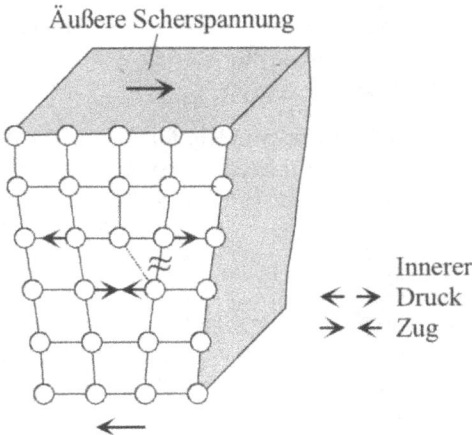

Äußere Scherspannung

Innerer
← → Druck
→ ← Zug

Abb. 4.1.7.: Zwischengitterebene

nächst durch die eingeschobene Zwischengitterebene auseinandergedrängten, benachbarten und vollständigen Gitterebenen sich einander in der Nähe des Endes der Zwischengitterebene annähern und schließlich in weiterer Entfernung vom Rand der Gitterstörung wieder ihren Abstand im ungestörten Kristall einnehmen. Dadurch stehen insbesondere die Atome rechts und links von der Zwischengitterebene und oberhalb von deren Ende unter Druck (Abb. 4.1.7.), während die Atome unmittelbar unterhalb des Randes der Zwischengitterebene unter Zugspannung stehen.

Wirkt, wie in Abb. 4.1.7. beispielhaft gezeigt, auf den Kristall ein scherendes Kräftepaar ein, so wird der Druck auf die Atome, die sich rechts oberhalb des Randes der Zwischengitterebene befinden, verstärkt. Ebenso wird der Zug auf die rechts unterhalb des Endes der Zwischengitterebene befindlichen Atome verstärkt, sodass insgesamt auf die beiden betrachteten Atomreihen knapp oberhalb und knapp unterhalb des Endes der Zwischengitterebene und rechts von ihr eine kräftige, auseinandertreibende Kraft wirkt, womit diese Gitterbindung schon bei einer Scherbelastung, die weit unterhalb der für eine Deformation eines ungestörten Einkristalls nötigen Kraft liegt, auseinandergerissen werden kann. Damit können die Atome am freien Ende der Zwischengitterebene durch das oben beschriebene Aufreißen der Atompaare rechts von der Fehlerebene eine Bindung mit den Atomen rechts unterhalb des Endes der Zwischengitterebene eingehen, so dass die bisherige halbe Zwischengitterebene vervollständigt wird und die bisher rechts von ihr gelegene und vollständige Gitterebene zu einer neuen Zwischengitterebene wird, womit die Zwischengitterebene um eine Atomdistanz nach rechts gerückt ist. Damit kann eine Zwischengitterebene bei Anlegen einer scherenden Belastung, deren Höhe weit geringer ist, als es für ein Aufreißen der Gitterbindungen in einem ungestörten Kristall nötig wäre, durch den Kristall bewegt werden.

Die Ebene, die dabei das Ende der Zwischengitterebene überstreicht, wird als Gleitebene bezeichnet. Wandert nun auf diese Art eine Zwischengitterebene entlang einer Gleitebene vom linken Rand des Werkstücks zum rechten Rand, so wird wie schon oben erwähnt Material vom linken Rand des Werkstücks abgebaut und am rechten Rand aufgebaut. Dies bedeutet, dass das Werkstück entlang der Gleitebene verformt wurde, wobei die dafür notwendigen Kräfte weit geringer sind, als diejenigen, die nötig wären, einen ungestörten, fehlerlosen Kristall durch Aufbrechen von Gitterbindungen zu verformen.

Tatsächlich stehen in einem Kristall in einer Richtung zahlreiche parallele Gleitebenen zur Verfügung, womit dann die Verformung unter Einwirkung einer scherenden Belastung ähnlich wie bei einem aufeinander gelegten Kartenstapel vor sich geht. Ein Beispiel dafür stellt der in Abb. 4.1.8. gezeigte Kristall dar.

c) Gleitebenen

In der Folge soll noch erläutert werden, welche Ebenen im Kristall bevorzugt als Gleitebenen fungieren. Die hier besprochenen Phänomene werden erleichtert, wenn die Atome möglichst dicht gepackt sind, weil dann für das Aufreißen und Neuformen von Gitterbindungen geringere Wege zurückgelegt werden müssen, was bedeutet, dass auch nur geringere Energien nötig sind. Daher werden als *Gleitebenen* vornehmlich diejenigen Ebenen im Kristall wirken, in denen die dichteste Packung der Atome vorhanden ist. In diesen Ebenen werden dann die Gleitrichtungen diejenigen sein, in denen die Atome wieder möglichst dicht beieinander liegen. Beim kubisch flächenzentrierten Kristall (z.B. γ-Ferrit) gehen die Ebenen der dichtesten Packung beispielsweise durch jeweils drei Eckpunkte des Gitterwürfels und durch drei Flächendiagonalen (Abb. 4.1.9.).

Alle derartigen Ebenen kommen also bevorzugt als Gleitebenen in Frage. In den Gleitebenen erfolgt die Richtung des Gleitens vornehmlich dort, wo die Atome am dichtesten aufeinander treffen, d.h. in den Richtungen der Flächendiagonalen des Würfels. Es stehen somit insgesamt in jedem Kristall mehrere Gleitebenen mit verschiedenen Orientierungen und mit verschiedenen Gleitrichtungen zur Verfügung, wobei dann alle parallelen Gitterebenen Gleitebenen darstellen. Welches System von parallelen Gleitebenen tatsächlich in Anspruch genommen wird, hängt von der Richtung der außen auf den Kristall einwirkenden Kräfte, die ja parallel zu den Gleitebenen verlaufen müssen, ab.

Für die tatsächliche Verformbarkeit eines mit Gitterfehlern behafteten Kristalls ist es nun von entscheidender Bedeutung, wie viele Zwischengitterebenen pro Volumeneinheit vorhan-

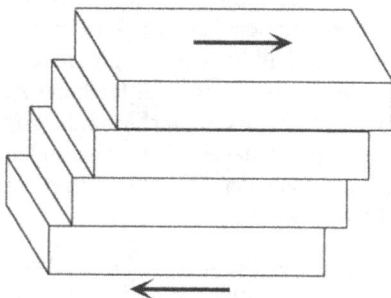

Abb. 4.1.8.: Kristall mit parallelen Gleitebenen und Deformation

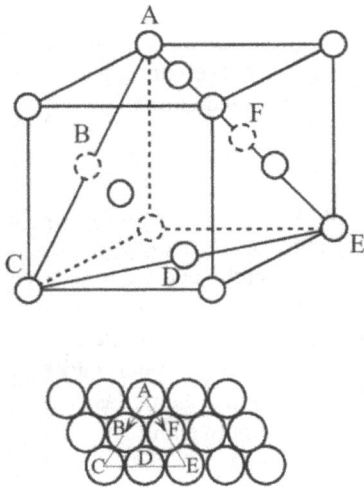

Abb. 4.1.9.: Ebene der dichtesten Packung

den sind, wie groß ihre Beweglichkeit im Kristall ist, wie sie miteinander in Wechselwirkung treten und wie sie sich an den Korngrenzen verhalten. Zunächst soll dabei die Frage der Wechselwirkung der Gitterfehler untereinander erörtert werden.

d) Wechselwirkung der Zwischengitterebenen untereinander

Betrachtet man zwei benachbarte Zwischengitterebenen, die deckungsgleich sind und sich im selben Werkstückteil befinden (Abb. 4.1.10.), so zeigt sich, dass sie aufeinander eine abstoßende Wirkung ausüben, weil sie auf die zwischen ihnen liegenden Atome der vollständigen Ebenen von beiden Seiten Druckkräfte ausüben, die sich gegenseitig aufheben, was dazu führt, dass auf die Atome nahe den beiden hier betrachteten Zwischengitterebenen Reaktionskräfte wirken, die die beiden Ebenen auseinanderzudrücken trachten.

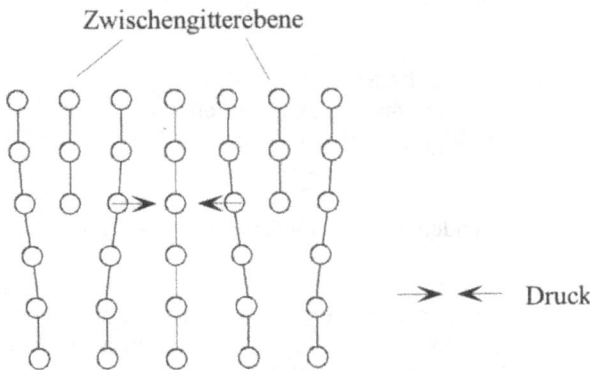

Abb. 4.1.10.: Abstoßende Wirkung zwischen zwei Zwischengitterebenen

In ganz ähnlicher Weise kann man erklären, dass zwei Zwischengitterebenen, die umgekehrt deckungsgleich sind, einander anziehen. Durch diese anziehende Wechselwirkung können zwei Zwischengitterebenen rekombinieren und eine ungestörte Atomebene bilden.

e) Beweglichkeit der Zwischengitterebenen
Die abstoßende Wirkung zweier deckungsgleicher Zwischengitterebenen hat den Effekt, dass die Beweglichkeit der Zwischengitterebenen im Kristall bei einer großen Zahl derartiger Kristallfehler eingeschränkt wird, weil die Bewegung der einen Fehlerebene die der anderen behindert. Die Beweglichkeit der Zwischengitterebenen sinkt also ganz wesentlich mit ihrer Zahl pro Volumeneinheit ab. Andererseits wird die Beweglichkeit der Zwischengitterebenen aber sehr wesentlich durch erhöhte Temperatur erleichtert, weil dann infolge der stärkeren thermischen Bewegung der Atome die Gitterbindungen gelockert sind und damit das Aufreißen der Bindungen, das für die Bewegung der Zwischengitterebenen notwendig ist, erleichtert wird. Aus diesem Grunde ist auch die Verformbarkeit der meisten Materialien bei höherer Temperatur wesentlich erhöht.

f) Verhalten der Zwischengitterebenen an der Korngrenze
Üblicherweise sind praktisch verwendete Metalle im polykristallinen Zustand, d.h. einzelne Körner mit einer dem Einkristall ähnlichen Struktur sind durch Korngrenzen voneinander getrennt, wobei diese *Kristallite* verschiedene Kristallorientierungen aufweisen (Abb. 4.1.11.). Erreicht nun eine durch ein Korn wandernde Zwischengitterebene eine Korngrenze, so wird ihre weitere Ausbreitung dadurch behindert, dass der hinter der Korngrenze vorhandene Kristallit eine andere Orientierung und damit andere Gleitebenen aufweist. Bei schwacher Abweichung kann die Zwischengitterebene eventuell die Korngrenze überwinden und im neuen Kristallit weiterwandern. Ist aber der Unterschied der Orientierung der beiden Kristallite zu groß, so ist ein Weiterwandern der Zwischengitterebene stark behindert bis unmöglich.

Je mehr Korngrenzen das Material aufweist, je feiner also das Gefüge ist, desto geringer ist die Beweglichkeit der Zwischengitterebenen und daher auch die Verformbarkeit des Materials. Bei groben Körnern hingegen ist das Material leichter zu verformen.

g) Einfluss der Verformung auf die Zwischengitterebenen
Da der Mechanismus der Verformung von Materialien durch von außen einwirkende Kräfte erläutert wurde, soll nun auf die Änderung der Eigenschaften des Materials im Zuge der Verformung näher eingegangen werden:

Sehr oft wirken auf ein Werkstück keine scherenden Kräfte, sondern entweder Zug- oder Druckkräfte (siehe 4.1.1).

In den einzelnen Kristalliten liegen dann allerdings die Gleitebenen im Allgemeinen nicht senkrecht zu den einwirkenden Zug- oder Druckkräften (Abb. 4.1.11.), sondern schräg zu diesen, womit dann sowohl bei Zug wie auch bei Druck in den Gleitebenen Scherungskräfte wirksam werden, die allerdings in den verschiedenen Körnern, aufgrund der unterschied-

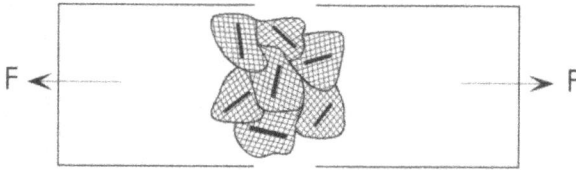

Abb. 4.1.11.: Kristallite unter Zugbelastung

lichen Orientierung der Gleitebenen unterschiedliche Größe aufweisen. Damit werden einige Körner stärker und andere schwächer deformiert, was aber dann insgesamt wieder zu einer Deformation des gesamten Werkstücks führt.

Durch die oben erwähnten Verformungen werden die zunächst isotropen Körner entweder in Richtung der Zugkräfte gedehnt oder in Richtung der Druckkräfte gestaucht (Abb. 4.1.12.), womit eine kräftige Anisotropie im Gefüge erzeugt wird. Im Einzelnen kann sich die Zahl der Atome pro Volumeneinheit und deren Abstand untereinander bei der Verformung des Werkstücks nicht ändern und es muss das Volumen der Körner konstant bleiben. Somit werden die Körner normal zur Zugrichtung bzw. parallel zur Druckrichtung zusammengezogen, was dazu führt, dass bei einer weiteren Deformation die Bewegung der Gitterfehler entlang der Gleitebenen durch die Korngrenzen stärker behindert wird, da die Gitterfehler schon nach einer kürzeren Bewegungsstrecke auf die nächste Korngrenze stoßen. Damit wird aber eine weitere Deformation erschwert, d.h. durch die vorhergehende Verformung wurde die Duktilität verringert und die Härte und die Festigkeit erhöht. Dieser Effekt wird als *Kaltverfestigung* bezeichnet.

Erwärmt man nun nach durchgeführter Verformung das Werkstück auf eine Temperatur von einigen 100 °C, so beginnen nach der Auflösung der durch die Deformation des Werkstücks verformten Körner neue Kristallite zu wachsen, was eine neue isotope Kristallstruktur bewirkt. Dieser Vorgang tritt bei den meisten Metallen bei einer Temperatur von einem Drittel des Schmelzpunktes auf und dauert einige Sekunden. Dieser Vorgang wird als *Rekristallisation* bezeichnet. Hält man das Werkstück einige Minuten oder noch länger auf Rekristallisationstemperatur, so wird das zunächst sehr feine neue Kristallgefüge immer gröber, was bedeutet, dass auch die Festigkeit wieder sinkt und schließlich den Wert annimmt, den sie vor der Kaltverfestigung eingenommen hat. In Abb. 4.1.13. ist dieser Sachverhalt für Elektrolytkupfer genauer dargestellt, wobei zunächst der Effekt der Kaltverfestigung zu erkennen ist, der sowohl im Anwachsen von R_m und $R_{p0.2}$ als auch in der Verringerung der Differenz

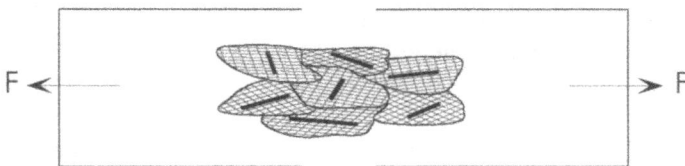

Abb. 4.1.12.: Verformung der Kristallite aufgrund einer Zugbelastung

Wärmebehandlung
(Rekristallisation)

R_m

$R_{p0,2}$

A

ε

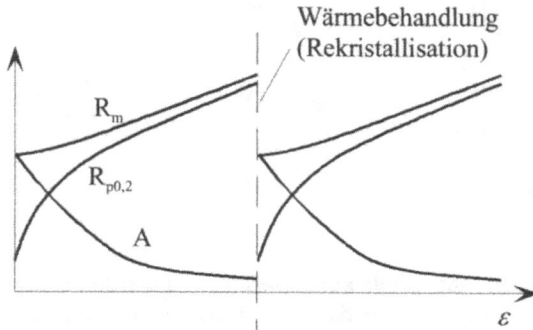

Abb. 4.1.13.: Einfluss der Rekristallisation auf die Kaltverfestigung

zwischen diesen beiden Werten im Zuge der Umformung zum Ausdruck kommt. Auch die Bruchdehnung A nimmt aufgrund der Kaltverfestigung ab. Nach der Rekristallisation haben sich wieder die Anfangswerte von R_m, $R_{p0.2}$ und A eingestellt. Mit diesem Effekt der Rekristallisation besteht somit die Möglichkeit, ein nach einer einmaligen Verformung verfestigtes Werkstück wieder auf seine ursprüngliche Duktilität zu bringen und dann weiteren Verformungsschritten zu unterwerfen.

4.1.3   Spannungszustände beim Umformen

a) Benennungen
Normalspannungen werden im Folgenden gemäß der gebräuchlichen Nomenklatur nach der Achsenrichtung benannt, die auf die entsprechende Bezugsfläche zur Bestimmung dieser Spannung normal steht. Die Spannung σ_z bezeichnet so etwa die Normalspannung, die auf eine zur xy-Ebene parallele Fläche wirkt. Schubspannungen erhalten hingegen zwei Indizes, wobei der erste wieder die auf die Bezugsfläche normalstehende Achsenrichtung und der zweite die Richtung des Spannungsvektors selbst bezeichnet. Die Schubspannung τ_{zx} ist etwa eine Spannung, die auf eine zur xy-Ebene parallele Fläche wirkt und in x-Richtung weist. Dabei werden am positiven Schnittufer, das heißt wenn die Flächennormale auf die Bezugsebene in Achsenrichtung weist, Spannungen in Achsrichtung positiv gezählt, am negativen Schnittufer entgegen der Achsrichtung.

Bei der Beschreibung der folgenden Spannungszustände wird weiter neben dem Koordinatensystem mit x-, y- und z-Achse ein weiteres Koordinatensystem eingeführt, dessen Achsen mit u, v, und w bezeichnet werden. Dieses Koordinatensystem ergibt sich durch Drehung des xyz-Systems um die x-Achse um den Winkel α (siehe Abb. 4.1.14.).

b) Einachsiger Spannungszustand
Werden auf ein quaderförmiges Werkstück, dessen Achsen mit den Koordinatenachsen in x-, y-, z-Richtung zusammenfallen, in z-Richtung – also vertikal – Zug- (positiv) und Druckkräfte (negativ) aufgebracht, so baut sich ein so genannter *einachsiger Spannungszustand* auf,

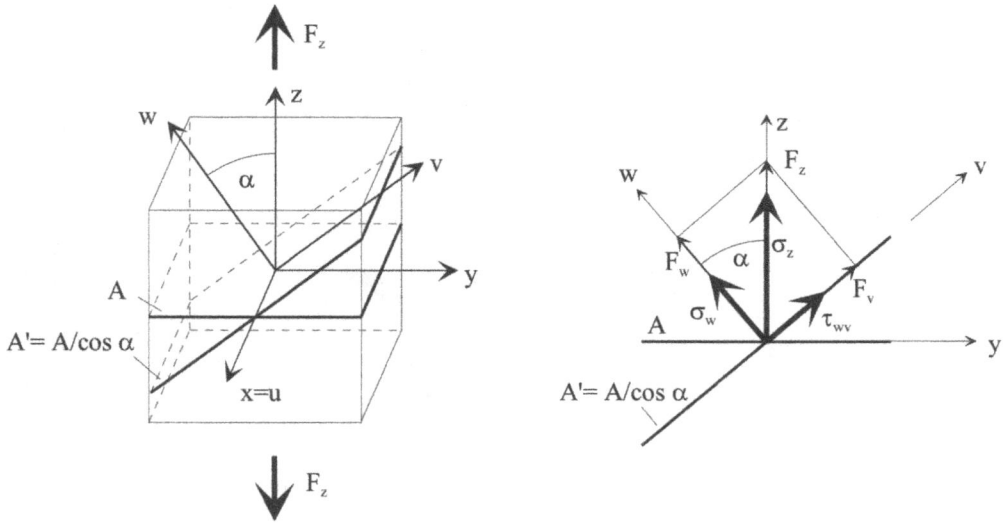

Abb. 4.1.14.: Kraftangriff einachsiger Spannungszustand

bei dem die Spannungshauptebene – also die Ebene, in der nur eine Normalkraft wirkt –
senkrecht zur z-Achse verläuft (Abb. 4.1.14.). Betrachtet man nun eine Ebene, deren Nor-
malvektor in w-Richtung liegt, die zur z-Achse unter einem Winkel α geneigt ist, so ist jedes
Flächenelement in dieser Ebene um $1/\cos \alpha$ vergrößert gegenüber seiner Projektion auf die
zuerst betrachtete horizontale Hauptspannungsebene. Damit wird auch in dieser geneigten
Ebene die Kraft pro Flächeneinheit (d.h. die Spannung $\sigma = F_z/A'$) gegenüber derjenigen in
der horizontalen Ebene ($\sigma_z = F_z/A$) verkleinert:

$$\frac{F_z}{A'} = \sigma_z \cos \alpha \qquad (70)$$

Weiter steht der Spannungsvektor nicht mehr senkrecht zur geneigten Ebene und lässt sich
daher in eine Komponente senkrecht zur Fläche, die so genannte Normalspannung σ_w und in
eine Komponente parallel zur Fläche, die so genannte Schubspannung τ_{wv}, zerlegen:

$$\sigma_w = \sigma_z \cos \alpha \cos \alpha \qquad (71)$$

$$\tau_{wv} = \sigma_z \sin \alpha \cos \alpha \qquad (72)$$

Aus Gl. (71) und Gl. (72) ergibt sich, dass für eine vertikale Ebene parallel zur z-Richtung
mit $\alpha = 90°$ sowohl die Normalspannung wie auch Schubspannung verschwinden, dass die
Schubspannung ein Maximum $\sigma_z/2$ bei einem Winkel von $\alpha = 45°$ erreicht und die Normalspannung dann ebenfalls $\sigma_z/2$ ist, während für $\alpha = 0°$ wie schon besprochen die Schubspannung null wird und die Normalspannung den Maximalwert σ_z erreicht.

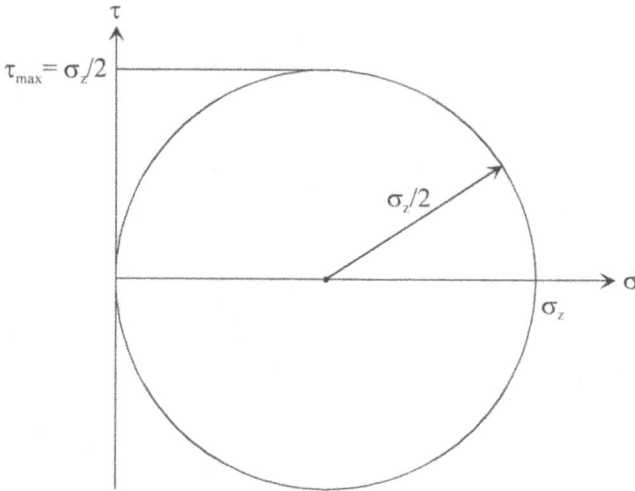

Abb. 4.1.15.: Mohr'scher Kreis für den einachsigen Spannungszustand

Der Zusammenhang zwischen Schubspannung und Normalspannung lässt sich dann in einem Koordinatensystem mit der Normalspannung als Abszisse und der Schubspannung als Ordinate als so genannter *Mohr'scher Kreis* (Abb. 4.1.15.) darstellen. Sein Mittelpunkt liegt bei $\sigma_z/2$ und sein Radius ist $\sigma_z/2$, wobei der Kreis für Zugspannungen (positiv gerechnet) im ersten und im vierten Quadranten liegt, während er für Druckspannungen (negativ gerechnet) im zweiten und im dritten Quadranten liegt. Für den Fall von Zugspannungen liegt der Mittelpunkt daher auf der positiven σ-Achse, während er für Druckspannungen auf der negativen σ-Achse anzusiedeln ist.

c) Zweiachsiger Spannungszustand

Wirkt nun außer einer Kraft in z-Richtung (respektive zur Aufrechterhaltung des Gleichgewichtszustands auch in negativer z-Richtung) auch noch in horizontaler y-Richtung eine Kraft ein, dann liegt ein so genannter *zweiachsiger Spannungszustand* vor (siehe Abb. 4.1.16.). In diesem Fall addieren sich bei geeignetem Winkel α die Normalspannungen, während die Schubspannungen voneinander abzuziehen sind. Eine ähnliche Rechnung wie für den einachsigen Spannungszustand zeigt, dass die maximal erzielbare Schubspannung durch die halbe Differenz der Hauptspannungen in z- und in y-Richtung gegeben ist.

Es zeigt sich auch, dass der Zusammenhang zwischen Schubspannung und der Differenz der beiden Hauptspannungen wieder durch einen Mohr'schen Kreis beschrieben wird. Dieser liegt dann innerhalb des Mohr'schen Kreises für die größte Hauptspannung und zwischen diesem und dem Kreis für die kleinere Hauptspannung (Abb. 4.1.17.).

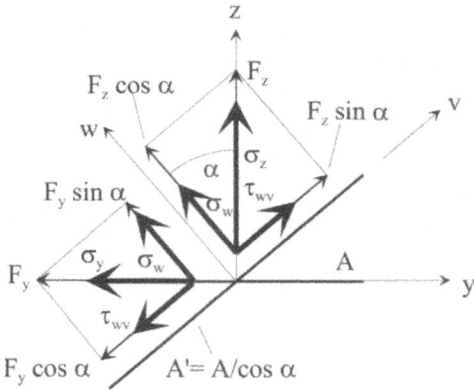

Abb. 4.1.16.: Zweiachsiger Spannungszustand

d) Dreiachsiger Spannungszustand

Wirken nun Kräfte in vertikaler z-Richtung und in beiden horizontalen Richtungen y und x, wobei das Koordinatensystem so gewählt wurde, dass in vertikaler z-Richtung die größte Kraft (entsprechend σ_z) auf das Werkstück einwirkt, in vertikaler y-Richtung die zweitgrößte Kraft (entsprechend σ_y) und in horizontaler x-Richtung die kleinste Kraft (entsprechend σ_x), so liegt ein *dreiachsiger Spannungszustand* vor. Dabei kann man völlig analog zu den obigen Überlegungen in einer Ebene, die nur zur z- und zur x-Richtung geneigt ist und parallel zur y-Richtung liegt, eine maximale Schubspannung als halbe Differenz und Normalspannungen in z- und in x-Richtung finden.

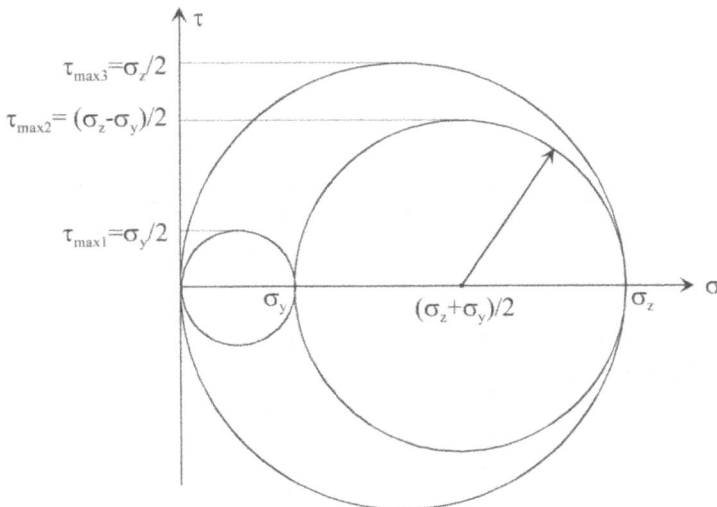

Abb. 4.1.17.: Mohr'scher Kreis für den zweiachsigen Spannungszustand. Der Einfachheit halber wird $\sigma_y < \sigma_z$ angenommen.

Damit ergeben sich jetzt insgesamt drei maximale Schubspannungen: Die erste in einer Ebene, die unter 45° zur x-Achse und zur y-Achse geneigt und zur z-Achse parallel ist. Diese Schubspannung τ_{max1} ist durch die halbe Differenz der Hauptspannungen σ_y und σ_x in y- und in x-Richtung gegeben. Analog wirkt eine zweite maximale Schubspannung τ_{max2} in einer Ebene, die unter 45° zur z-Achse und ebenfalls unter 45° zur y-Achse geneigt ist. Eine dritte maximale Schubspannung τ_{max3} schließlich wirkt in einer Ebene, die mit der x-Achse und der z-Achse einen Winkel von 45° einschließt. Diese drei maximalen Schubspannungen sind gegeben durch:

$$\tau_{max1} = \frac{1}{2}(\sigma_y - \sigma_x) \tag{73}$$

$$\tau_{max2} = \frac{1}{2}(\sigma_z - \sigma_y) \tag{74}$$

$$\tau_{max3} = \frac{1}{2}(\sigma_z - \sigma_x) \tag{75}$$

Die größte Schubspannung ergibt sich als Differenz der größten und der kleinsten Normalspannung. Unter den gemachten Annahmen $\sigma_x < \sigma_y < \sigma_z$ ist dies τ_{max3} nach Gl. (75). Damit lassen sich drei Mohr'sche Kreise zeichnen für die drei Hauptspannungsrichtungen, wobei der größte zwischen der maximalen Hauptspannung σ_z und der minimalen Hauptspannung σ_x wieder symmetrisch zur Sigma-Achse liegt, entweder auf ihrem positiven Ast (Zug) oder auf ihrem negativen Ast (Druck). Für die beiden anderen Hauptspannungsrichtungen liegen die Kreise dann im Inneren des größten Kreises, und zwar zwischen σ_z und σ_y und zwischen σ_y und σ_x, woraus sich dann sofort die drei maximalen Schubspannungen ablesen lassen.

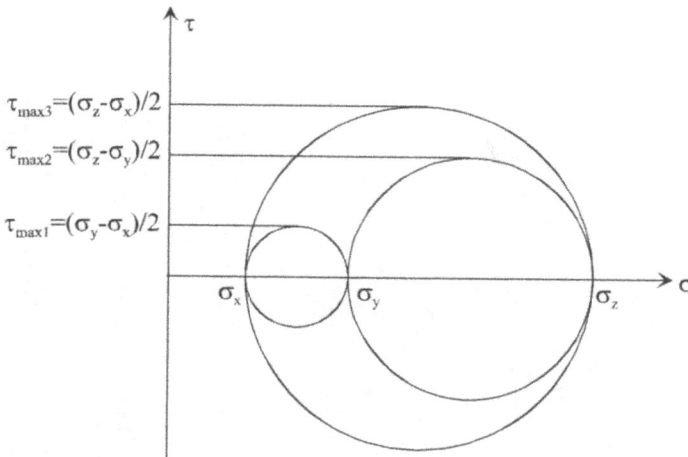

Abb. 4.1.18.: Mohr'scher Kreis für den dreiachsigen Spannungszustand (Annahme $\sigma_x < \sigma_y < \sigma_z$)

Dass die maximale Schubspannung bei einachsigem Spannungszustand in einer Ebene liegt, die unter 45° zur Lotrechten geneigt ist, passt sehr gut dazu, dass bei raumzentriertem Eisen (Ferrit) die Gleitebenen ebenfalls unter 45° zur Vertikalen geneigt sind, wenn man davon ausgeht, dass die Kanten des Kristallwürfels mit den Koordinatenachsen zusammenfallen. Damit bewirkt eine Zug- oder eine Druckbelastung in vertikaler Richtung ein Maximum an Schubkraft genau in derjenigen Ebene, entlang der Gleiten möglich ist, womit eine optimale Verformung zustande kommt.

4.1.4   Fließbedingung

In Abschnitt 4.1.1 wurde das elastische und das plastische Verhalten von Werkstoffen bereits ausführlich anhand von Spannungs-Dehnungs- bzw. von Druckspannungs-Stauchungs-Diagrammen erläutert, wobei im Bereich der Umformtechnik vor allem der plastische Bereich, das ist der Bereich zwischen der Streckgrenze und der Zugfestigkeit (Druckfestigkeit), von besonderem Interesse ist. Eine wesentliche Einschränkung der Brauchbarkeit derartiger Diagramme für die Umformtechnik ergibt sich jedoch durch die Tatsache, dass sich die dort verwendeten Spannungen jeweils auf den Anfangsquerschnitt der Probe beziehen, sodass diese Werte keine Auskunft über die tatsächlich auftretenden Spannungen geben.

Aus diesem Grund werden in der Umformtechnik *„wahre Spannungen"* zur Charakterisierung eines Werkstoffs verwendet, die sich als der Quotient aus Kraft und tatsächlichem Werkstück- bzw. Probenquerschnitt ergeben. Die Längenänderung auf l_1 in Bezug auf die Anfangslänge l_0 wird nun weiter nicht mehr auf einer linearen Skala als die Dehnung $\varepsilon = (l_1 - l_0)/l_0$ gemessen, sondern wird stattdessen logarithmisch als so genannter *Umformgrad* $\varphi = \ln(l_1/l_0)$ angegeben. Diese Größe bestimmt wegen der mit zunehmender Verformung zunehmenden Verfestigung des Werkstoffs die Spannung, bei der eine plastische Verformung, also etwa Fließen, einsetzt.

Wenn nun für einen einachsigen Spannungszustand die wahre Spannung für das Einsetzen des Fließens, die in diesem Zusammenhang dann *Fließspannung* oder auch *Formänderungsfestigkeit k_f* genannt wird, als Funktion des Umformgrades φ dargestellt wird, erhält man eine so genannte Fließkurve, aus der sich, wie in den folgenden Kapiteln gezeigt werden wird, grundlegende Aussagen über den Kraft- und Energiebedarf beim Umformen ableiten lassen. Als Beispiel ist in Abb. 4.1.19. eine *Fließkurve* angegeben, wie sie sich etwa für Baustahl aufnehmen lässt. Die Fließgrenze $k_f(0)$ gibt dabei diejenige Spannung an, bei der plastische Verformung einsetzt. Sie ist etwa mit der Streckgrenze des Werkstoffes identisch, da beim Beginn des Fließens die Querschnittänderung einer Zug- oder Druckprobe noch weitgehend vernachlässigbar ist. Auch der Unterschied zwischen Druck- und Zugbelastung ist für die Größe der Fließgrenze eher nebensächlich.

Nachdem nun das Fließverhalten eines Werkstoffes im einachsigen Spannungszustand charakterisiert wurde, stellt sich die Frage, wie bei einem allgemeinen dreiachsigen Spannungszustand die Bedingung für das Einsetzen des Fließens aussieht. Dabei kann davon ausgegan-

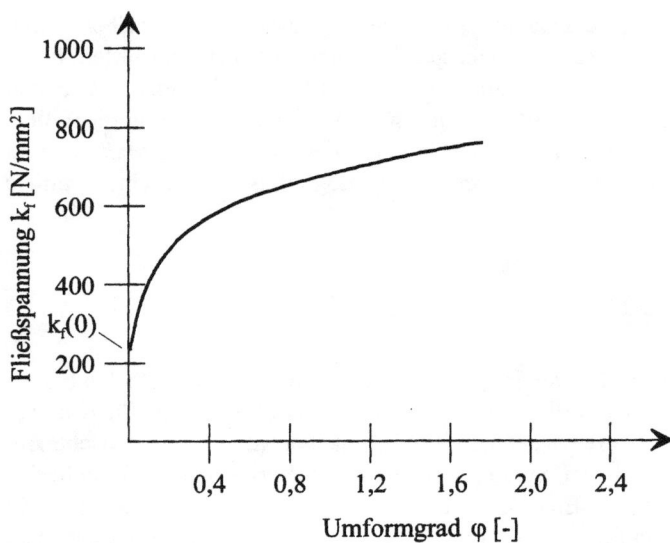

Abb. 4.1.19.: Fließkurve von Baustahl Ck10 (0,1% C) unterhalb der Rekristallisationstemperatur

gen werden, dass die Fließbedingung die drei Hauptnormalspannungen σ_z, σ_y und σ_x enthalten muss. In welcher Weise nun aber diese drei Hauptspannungen in die Fließbedingung eingehen müssen, kann man aus folgendem Gedankenexperiment ersehen:

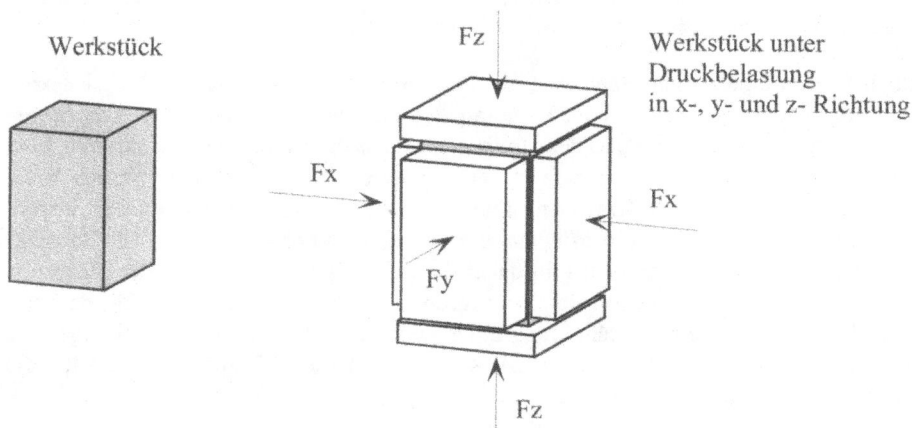

Abb. 4.1.20.: Zur Erklärung der Fließbedingung

Ein quaderförmiges Werkstück soll durch drei Plattenpaare einer Druckbelastung in z-, y- und x-Richtung ausgesetzt werden (Abb. 4.1.20.), wobei die einwirkenden Kräfte verändert werden können. Werden zunächst an alle drei Platten gleiche Kräfte angelegt, so würde das Werkstück in allen Richtungen gleichmäßig gestaucht werden, was infolge der praktisch nicht vorhandenen Kompressibilität der Metalle und der dadurch gegebenen Konstanz des Volumens des Werkstücks nicht zu einer Deformation führt. Wird dann die Kraft etwa in y-Richtung verringert, während die in z- und in x-Richtung wirkenden Kräfte gleich groß bleiben, so kann das Material in y-Richtung ausweichen. Verringert man jetzt zusätzlich noch die in x-Richtung wirkenden Kräfte, so kann das Material nicht nur in die y-Richtung, sondern auch in die x-Richtung ausweichen. Da die Kraft in z-Richtung nun die Kräfte in y- und x-Richtung überwiegt, findet eine verstärkte Deformation nicht nur in y- sondern auch in x-Richtung statt. Reduziert man jetzt schließlich auch noch im gleichen Maße wie in y- und in x-Richtung die Kräfte in z-Richtung, so wirken wieder auf alle drei Seiten des Werkstücks die gleichen Kräfte, womit keine überwiegt und das Material in keiner Richtung ausweichen kann, sodass keine Deformation mehr erfolgt. Aus diesen Überlegungen ergibt sich ganz klar, dass in die Fließbedingung sicher nicht die Summe der drei Hauptspannungen eingeht, sondern die drei Differenzen der drei Spannungen. Dabei spielt auch das Vorzeichen dieser Differenzen keine Rolle und es kommt nur auf deren Absolutbetrag an. Damit kann man insgesamt schon feststellen, dass in die Fließbedingung jedenfalls eine Funktion

$$F = F\left[\text{Abs}\left(\sigma_z - \sigma_y\right) + \text{Abs}\left(\sigma_z - \sigma_x\right) + \text{Abs}\left(\sigma_y - \sigma_x\right)\right] \qquad (76)$$

eingehen muss.

Schon im vorigen Jahrhundert hat nun *Tresca* in Übereinstimmung mit dem heutigen kristallkundlichen Bild für den physikalischen Mechanismus der Verformung angenommen, dass für das Einsetzen des Fließens vor allem die maximal auftretende Schubspannung verantwortlich ist. Demnach muss die Fließbedingung das Maximum der Absolutbeträge der drei Hauptspannungsdifferenzen Abs $(\sigma_z - \sigma_y)$, Abs $(\sigma_z - \sigma_x)$ und Abs $(\sigma_y - \sigma_x)$ enthalten. Durch den Vergleich mit dem einachsigen Spannungszustand, für den ja die Fließspannung messtechnisch erfasst und gleich k_f ist, erhält man dann folgende Fließbedingung:

$$\max\left[\text{Abs}\left(\sigma_z - \sigma_y\right),\ \text{Abs}\left(\sigma_z - \sigma_x\right),\ \text{Abs}\left(\sigma_y - \sigma_x\right)\right] = k_f \qquad (77)$$

Einen anderen Ansatz benutzte *von Mises* in der ersten Hälfte des letzten Jahrhunderts. Dabei wird davon ausgegangen, dass die Energie, die dem Werkstück zunächst durch elastische Deformation zugeführt wird, einen kritischen Wert erreichen muss.

Damit ergibt sich nach längerer Rechnung:

$$2 \cdot k_f^2 = \left[\left(\sigma_z - \sigma_y\right)^2 + \left(\sigma_z - \sigma_x\right)^2 + \left(\sigma_y - \sigma_x\right)^2\right] \qquad (78)$$

Die Fließbedingung nach Tresca Gl. (77) und die Fließbedingung nach von Mises Gl. (78) stimmen mit der Praxis dabei in brauchbarer Weise überein, weichen allerdings voneinander um bis zu 15% ab.

Die oben besprochenen Fließbedingungen können nun dazu verwendet werden, die für eine bestimmte Verformungsaufgabe maximal nötige Kraft zu berechnen, um damit die Leistung der für die Umformung verwendeten Presse festlegen zu können. Für eine genauere rechnerische Analyse eines Umformvorganges muss die im Werkstück aufgebaute dreidimensionale Spannungsverteilung in Relation zu inkrementalen Zuwächsen der Dehnungen in allen Richtungen gesetzt werden, woraus sich ein System von gekoppelten partiellen Differentialgleichungen ergibt, das nur selten in geschlossener Form gelöst werden kann.

4.1.5   Umformarbeit

Wird ein Quader, dessen Kanten sich in x-, y-, und z-Richtung eines kartesischen Koordinatensystems erstrecken, und dessen Abmessungen in z-Richtung gleich h und in x- und y-Richtung b und d sind, durch eine in z-Richtung wirkende Kraft gestaucht oder gedehnt, und zwar von einer ursprünglichen Höhe h_0 zur Höhe h_1, so ist die dafür nötige Kraft, die so genannte *ideelle Umformkraft* F_{id}, in jedem Moment des Umformungsvorganges gleich der augenblicklichen Querschnittsfläche $b_1 d_1$ multipliziert mit der aktuellen Fließspannung k_f:

$$F_{id} = b_1 d_1 k_f \qquad (79)$$

Berücksichtigt man nun noch die Konstanz des Werkstückvolumens $V = b_0 d_0 h_0 = b_1 d_1 h_1$, so ergibt sich folgender Ausdruck für die zur Verformung nötige ideelle Kraft:

$$F_{id} = \frac{V}{h_1} k_f \qquad (80)$$

Integriert man diese Kraft über den Weg von h_0 bis h_1, so erhält man die für die Umformung nötige Energie, die so genannte *ideelle Umformarbeit*:

$$W_{id} = \int_{h_0}^{h_1} k_f(h) \, V \, \frac{dh}{h} \qquad (81)$$

Da die Fließspannung normalerweise infolge der Verfestigung des Werkstoffs mit steigender Verformung zunimmt und somit von der momentanen Höhe h, bzw vom Umformgrad abhängt (siehe Abb. 4.1.19.), kann dieses Integral unmittelbar nicht gelöst werden. Durch die Annahme einer konstanten, *mittleren Fließspannung* k_{fm}, was einem ideal plastischen Werkstoff entsprechen würde, kann die Rechnung jedoch beträchtlich vereinfacht werden und man erhält dann durch Integration von Gl. (81):

$$W_{id} = k_{fm} \int_{h_0}^{h_1} \frac{V}{h} \, dh = k_{fm} V \ln\left(\frac{h_1}{h_0}\right) = k_{fm} V \varphi_1 \qquad (82)$$

Die zur Umformung erforderliche ideelle Arbeit ist in diesem Fall also abhängig vom Werkstückvolumen V, das während der Umformung konstant bleibt, der mittleren Fließspannung k_{fm} und dem natürlichen Logarithmus aus dem Längenverhältnis $\varphi_1 = \ln(h_1/h_0)$, dem Umformgrad, womit dessen Definition im nachhinein als vernünftig erscheint.

Durch Vergleich von Gl. (81) und Gl. (82) kann nun auch eine Gleichung angegeben werden, nach der die mittlere Fließspannung bezüglich der Umformung vom Umformgrad $\varphi_0 = 0$ zum Umformgrad φ_1 ermittelt werden kann, falls k_f nicht konstant ist:

$$k_{fm} = \frac{1}{\varphi_1} \int_0^{\varphi_1} k_f \, d\varphi \qquad (83)$$

In der Praxis ist es oft auch ausreichend, den exakten Werte für k_{fm} nach Gl. (83) durch den Mittelwert aus der Fließspannung zu Beginn des Fließens ($\varphi = 0$) und der Fließspannung am Ende des Umformvorganges $\varphi_1 = \ln (h_1/h_0)$ anzunähern, womit man erhält:

$$k_{fm} = \frac{k_f(0) + k_f(\varphi_1)}{2} \qquad (84)$$

Die Annahme, dass während der Umformung keine Verfestigung eintritt, sodass ein ideal plastisches Material mit konstanter Fließspannung $k_f(\varphi) = k_{fm}$ vorliegt, ist nur bei der Warmverformung und nur unter bestimmten Voraussetzungen zu rechtfertigen. Wesentlichen Einfluss hat dabei die so genannte *Umformgeschwindigkeit*, die als die zeitliche Ableitung des Umformgrades $d\varphi/dt$ definiert ist. Liegt dieser Wert etwa im Bereich von 0,01 bis 0,1 s^{-1}, so wird dem Material während der Deformation zur Rekristallisation Zeit gelassen und das Material kann sich nur geringfügig bis überhaupt nicht verfestigen, sodass die Fließspannung niedrig und konstant bleibt. Ist hingegen die Umformgeschwindigkeit wesentlich größer, so hat das Material keine Zeit zur Rekristallisation und die für die Umformung nötigen Kräfte werden etwa dreimal so groß wie im erstgenannten Fall.

Bei der Kaltverformung spielt die Umformgeschwindigkeit eine kleinere Rolle und es muss in jedem Fall mit einer Verfestigung und damit einem Ansteigen der Fließspannung mit dem Umformgrad gerechnet werden.

In der Praxis ist weiter festzustellen, dass die tatsächlich erforderlichen Kräfte bzw. Energien zur Umformung größer sind als die nach den obigen Gleichungen berechneten Werte, was vor allem auf das Auftreten von äußeren und inneren Reibungskräften zurückzuführen ist. Diese Tatsache wird durch den *Umformwirkungsgrad* η_f beschrieben, der als der Quotient zwischen der nach Gl. (82) bestimmten ideellen Umformarbeit W_{id} und der tatsächlich erforderlichen Energie W_f zur Umformung definiert ist. Die erforderliche Umformarbeit ergibt sich damit zu:

$$W_f = \frac{W_{id}}{\eta_f} = \frac{k_{fm} V \varphi_1}{\eta_f} \qquad (85)$$

Genauso steigt natürlich die Umformkraft gegenüber der ideellen Umformkraft um denselben Faktor $1/\eta_f$ an, da bei gleichem Weg der Verschiebung nun die größere Energie $W_f = W_{id}/\eta_f$ aufgebracht werden muss:

$$F = \frac{F_{id}}{\eta_f} \qquad (86)$$

Der in Gl. (85) auftretende Quotient aus mittlerer Fließspannung und Umformwirkungsgrad wird häufig auch als mittlerer *Formänderungswiderstand* bzw. mittlerer *Umformwiderstand* k_{wm} bezeichnet. Entsprechend ist der Umformwiderstand k_w als Quotient aus Fließspannung und Umformwirkungsgrad k_f/η_f definiert:

$$k_w = \frac{k_f}{\eta_f} \qquad\qquad\qquad (87)$$

und

$$k_{wm} = \frac{k_{fm}}{\eta_f} \qquad\qquad\qquad (88)$$

Der Umformwirkungsgrad η_f muss in erster Linie als empirische Größe verstanden werden, die je nach Umformprozess aus Tabellen und Diagrammen entnommen werden muss. Dadurch wird es ermöglicht, aus den einfach zu berechnenden ideellen Größen auf die tatsächlich erforderlichen Kräfte und Energien zu schließen.

Nach diesen allgemeingültigen Betrachtungen zur Umformarbeit und Umformkraft muss für die folgenden Überlegungen nach der Lage der umformenden Kraft in Bezug auf die Richtung der Umformung unterschieden werden.

4.1.6   Umformen mit direkter und indirekter Krafteinwirkung

a) Direkte Krafteinwirkung

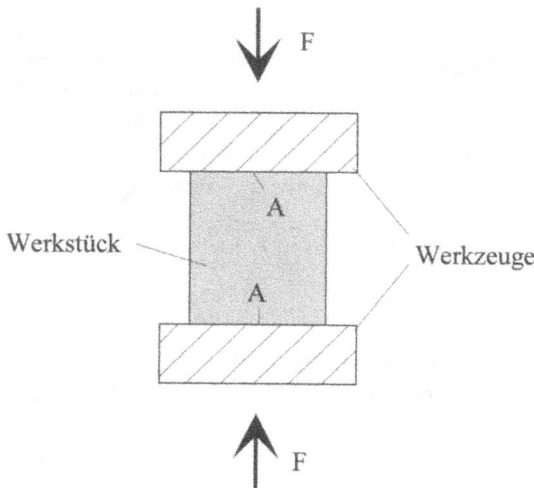

Abb. 4.1.21: Umformung durch direkte Krafteinwirkung

Eine direkte Krafteinwirkung erfolgt bei denjenigen Umformverfahren, bei denen sich zwei Werkzeuge, zwischen denen sich das Werkstück befindet, unter Krafteinwirkung aufeinander zu bewegen (siehe Abb. 4.1.21.) und damit das Werkstück verformen. Dies ist etwa beim Schmieden der Fall. Für diese Verfahren kann man den Kraftbedarf aus der mittleren Fließspannung, dem Umformwirkungsgrad und der Einwirkfläche berechnen:

$$F = A \frac{k_{fm}}{\eta_f} \qquad (89)$$

b) Indirekte Krafteinwirkung
Eine indirekte Krafteinwirkung liegt vor, wenn das Werkstück mittels eines Werkzeuges, auf das die von außen eingebrachte Kraft einwirkt, etwa durch eine Öffnung in einem zweiten Werkzeug bewegt wird, wobei die dabei zustande kommenden Reaktionskräfte die Verformung bewirken. Ein Beispiel dafür ist etwa das Durchziehen (siehe Abb. 4.1.22.).

Den Kraftbedarf kann man durch Gleichsetzen der für die Verformung des Volumens $V = A_1 l$ nötigen Energie (Arbeit) W_f mit der Arbeit, die die äußere Kraft F am Werkstück leistet, berechnen:

$$W_f = V \frac{k_{fm}}{\eta_f} \varphi_1 = Fl \qquad (90)$$

und somit

$$F = A_1 \frac{k_{fm}}{\eta_f} \varphi_1 \qquad (91)$$

Der aus einer Gleichsetzung von innerer Umformarbeit und äußerer Arbeit berechnete Kraftbedarf für die Verformung stellt nur einen Mittelwert dar, da die zeitliche Verteilung der Krafteinwirkung bei dieser Überlegung nicht berücksichtigt wurde, siehe auch [16] und [17].

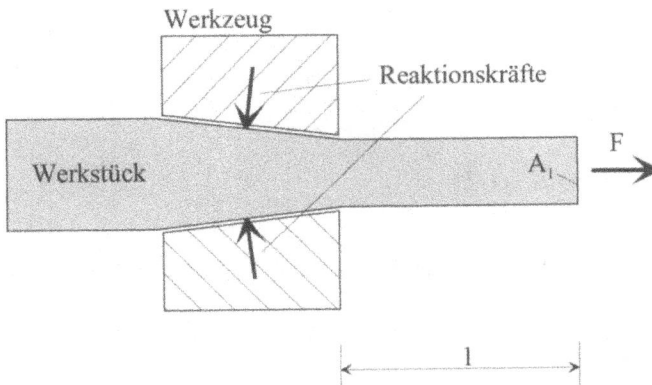

Abb. 4.1.22.: Umformung durch indirekte Krafteinwirkung

4.2   Übersicht über die Umformverfahren

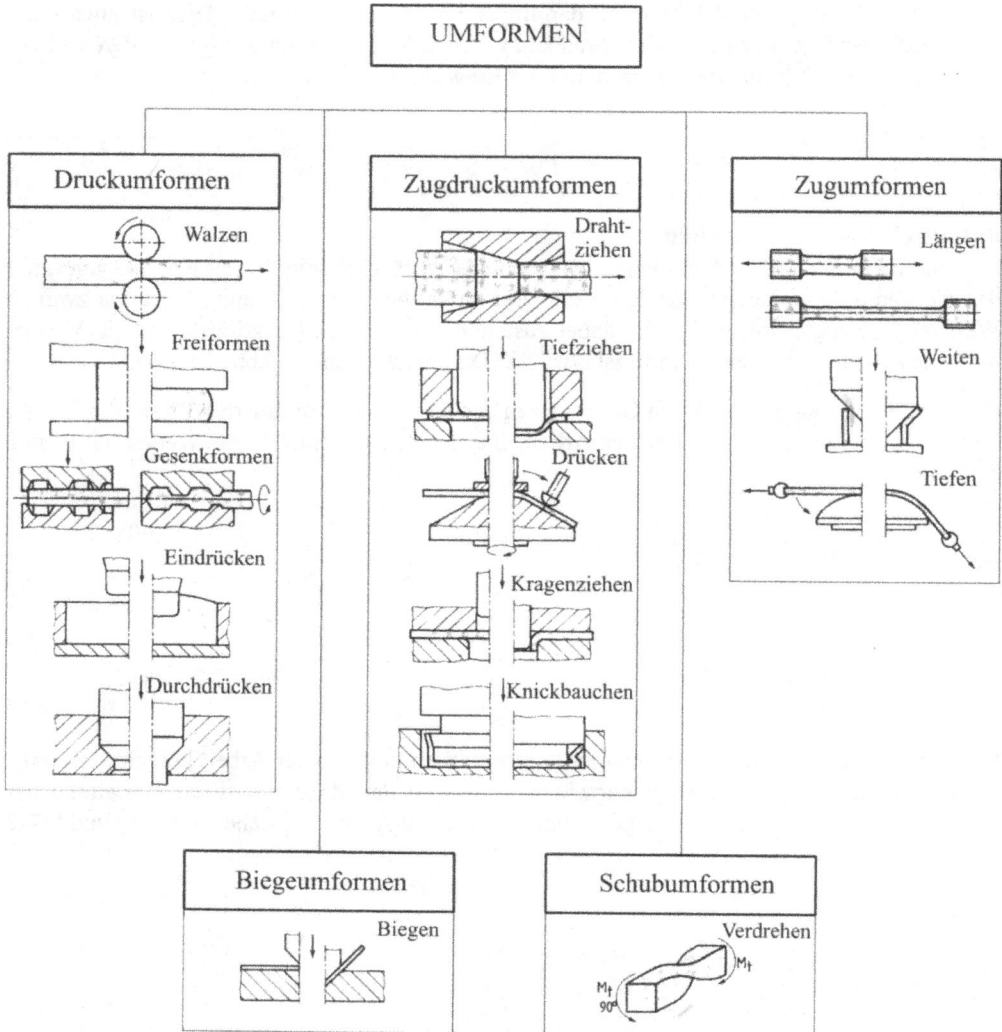

Abb. 4.2.1.: Einteilung der Umformverfahren nach DIN 8582

Umformen kann mit reinem Druck, mit kombinierter Druck- und Zugbelastung oder mit reinem Zug erfolgen.

In die Kategorie des Druckumformens gehören:

- Das *Walzen*, bei dem im einfachsten Fall zwei zylindrische Rollen, die gegenläufig rotieren, ein quader- oder plattenförmiges Material, dessen Breite der Breite der Rollen entspricht und dessen Dicke etwas größer ist als der kleinste Abstand der Rollenoberflächen, durch Reibungskräfte durch den Spalt zwischen den Rollen durchtransportiert und dabei infolge des senkrecht zur Materialoberfläche einwirkenden Drucks der Rolle gestaucht wird, womit durch mehrfache Wiederholung desselben Vorgangs mit verschiedenen Walzenabständen aus einem quaderförmigen Metall ein Blech hergestellt wird;

- Das *Eindrücken*, bei dem ein Stempel mit hoher Kraft in ein Werkstück hineingedrückt wird, sodass dessen Oberfläche die Negativform des Stempels annimmt;
- Das dem Eindrücken verwandte *Durchdrücken*, bei dem ein Stempel mit hoher Kraft ein Material durch eine düsenförmige Öffnung hindurchpresst, wobei das austretende Material die Querschnittsgestalt der Düsenöffnung annimmt; Verfahrensvarianten sind das *Strangpressen* und das *Fließpressen*;
- Das *Freiformen*, bei welchem das Werkstück zwischen zwei gegeneinander bewegten Werkzeugen mit allgemeiner Form durch eine (meist große) Anzahl von Hammerschlägen oder Pressenhüben geformt wird;
- Das *Gesenkformen*, bei dem das Werkstück während des Umformvorganges die vorgegebene Form eines Gesenkes annimmt.
- Das *Schmieden* ist eine Verfahrensvariante des Frei- bzw. Gesenkformens. Dabei werden metallische Werkstoffe zuerst durch Erwärmung bis in die Nähe des Schmelzpunktes duktil gemacht und dann durch Druckeinwirkung mittels Hammer frei geformt oder mit Druck in ein Gesenk gepresst.

Zur Zugdruckumformung zählen:

- Das *Durchziehen*, bei dem das Material durch eine Düse gezogen wird, wobei es ähnlich wie beim Durchdrücken einen Querschnitt annimmt, der der Form der Düse entspricht. Im Unterschied zum Durchdrücken kann hier ein kontinuierlicher Fertigungsvorgang realisiert werden, sodass endlose Profile erzeugt werden können.
- Ein weiterer Vorgang ist das *Tiefziehen*, bei dem ein Material durch einen Stempel ohne wesentliche Wanddickenveränderung in eine Matrize gezogen wird, womit napfförmige Teile hergestellt werden können.
- Das *Abstreckziehen*, bei welchem die Wanddicke eines napfförmigen Werkstückes dadurch reduziert wird, dass es mit Hilfe eines Stempels durch mehrere Abstreckringe gezogen wird.
- Das *Kragenziehen* dient zum Errichten eines Bordrandes (Kragen) rund um ein vorhandenes Loch. Dabei wird der Rand eines Loches durch einen Stempel, dessen Durchmesser größer ist als der des Loches, zu einem Kragen aufgerichtet, in den dann leicht Gewinde geschnitten oder Teile eingeschweißt werden können.
- Beim *Drücken* wird ein Blechzuschnitt zu einen Hohlkörper umgeformt bzw. dessen Umfang verändert, wobei das formbestimmende Werkzeug mit dem Werkstück umläuft und das Gegenwerkzeug nur lokal angreift.
Bei der Umformung durch Zug unterscheidet man die Verfahren *Längen*, *Weiten* und *Tiefen*.

Biegen ist jene Art der Umformung, bei der die plastische Verformung hauptsächlich durch Biegebeanspruchung herbeigeführt wird.

4.3   Biegen

4.3.1   Verfahrensprinzip

Beim maschinellen Biegen von Blechen (s. Abb. 4.3.1.) wird ein schlankes, V-förmiges Oberwerkzeug, das so genannte „Messer" dazu verwendet, das Werkstück in ein schwalbenschwanzförmiges Unterwerkzeug zu drücken (Gesenkbiegen). Bei diesem Vorgang wirken insgesamt drei Kräfte auf das Werkstück ein, und zwar einerseits die Pressenkraft über das Messer und andererseits Reaktionskräfte an den beiden Kanten der schwalbenschwanzförmigen Ausnehmung des Untergesenks („Dreipunktbiegen"), sodass insgesamt ein durch diese Kräfte und durch die Weite des Untergesenks gegebenes Kräftemoment auf das Werkstück einwirkt. Dieses äußere Moment führt dazu, dass auf die in der Mitte des gebogenen Werk-

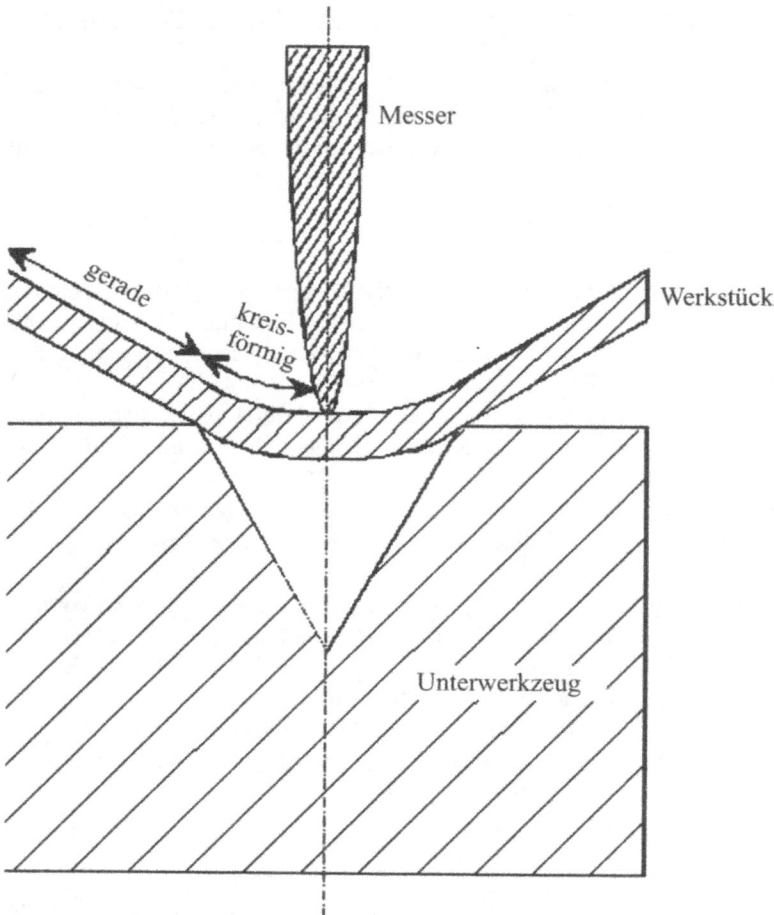

Messer

Werkstück

gerade

kreisförmig

Unterwerkzeug

Abb. 4.3.1 Gesenkbiegen (Dreipunktbiegen)

stücks liegende Querschnittsfläche, siehe Abb. 4.3.1., ein Biegemoment einwirkt, das die Außenfaser dehnt und die Innenfaser des Werkstücks staucht, wobei eine neutrale Faser, die etwa in der Mitte der Werkstückdicke liegt, unverändert bleibt. Die Praxis des Dreipunktbiegens zeigt, dass sich das Werkstück in der Umgebung der Biegekante unter der Wirkung des Biegemoments annähernd kreisförmig verbiegt, während die übrigen Teile des Werkstücks eben bleiben. Im Bereich der Biegekante steigt die Dehnung dabei mit verringertem Krümmungsradius des Werkstücks, womit auch der Umformgrad steigt und die Pressenkraft infolge der Kaltverfestigung ebenfalls ansteigen muss, so dass auch das Werkstück immer stärker in den schwalbenschwanzförmigen Ausschnitt des Unterwerkzeugs eingedrückt wird. Schließlich berührt das Werkstück die beiden Seitenwände der schwalbenschwanzförmigen Ausnehmung des Unterwerkzeugs, womit dann Biegewinkel und Krümmungsradius der Biegung durch die Geometrie von Ober- und Unterwerkzeug bestimmt werden („Prägen").

Während bei diesem Biegevorgang die Geometrie im Wesentlichen des Untergesenks die Form des gebogenen Werkstücks bestimmt, werden beim Dreipunktbiegen, wo das Werkstück nur an den beiden Innenkanten des Untergesenks und der „Messerschneide" aufliegt, Biegewinkel und Biegeradius durch den Weg des Messers, also die Position der Messerunterkante zum Boden des Untergesenks hin bestimmt.

4.3.2   Prozessvarianten

a) Freibiegen

Beim Freibiegen nach Abb. 4.3.2. wird das blechförmige Werkstück so fixiert, dass die spätere Biegekante auf der abgerundeten Kante des Werkzeugs positioniert ist. Der auskragende Teil des Werkstücks wird dann durch eine von einem Schwenkhebel betätigte Wange relativ zur Werkstückebene so weit nach unten gedrückt, bis der gewünschte Biegewinkel erreicht wird. Dabei wird der Krümmungsradius des gebogenen Werkstücks in der Umgebung der

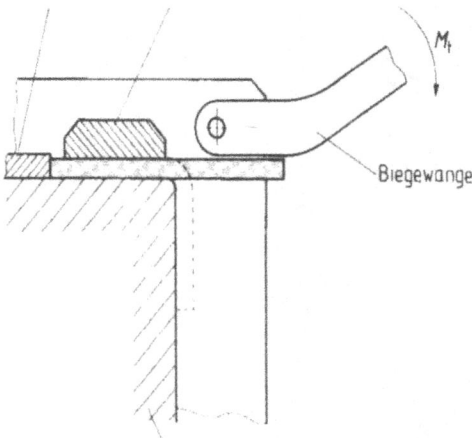

Abb. 4.3.2. Freibiegen

Biegekante durch den Radius ihrer Abrundung bestimmt. Im Vergleich zum Gesenkbiegen hat dieses Verfahren den Vorteil, dass auch sehr große Werkstücke gebogen werden können, bei denen das Gewicht der beiden Schenkeln des gebogenen Werkstücks infolge der relativ kleinen Gesenkweite zu einer starken Hebelwirkung führen würde, was eine unerwünschte Verbiegen des Werkstücks bewirken könnte.

b) Rohrbiegen

Grundsätzlich kann das Rohrbiegen ähnlich wie beim Freibiegen erfolgen, wobei das Rohr, wie in Abb. 4.3.3. gezeigt, in einen fest stehenden Aufnahmeteil mit halbzylindrischer Ausnehmung gespannt wird und dann durch ein Biegewerkzeug, wieder mit halbzylindrischer Ausnehmung, die dem Umfang des zu biegenden Rohres angepasst ist, über eine formgebende, abgerundete Biegekante, die so wie die Aufnahme und das Biegewerkzeug halbzylindrisch ausgehöhlt ist, abgebogen wird. Wenn die vom Krümmungsmittelpunkt der Biegung abgewandte Rohrwand nicht vom Rohrinneren her unterstützt wird, so bewirken die beim Biegen auftretenden, zum Krümmungsmittelpunkt hin gerichteten Radialkräfte eine

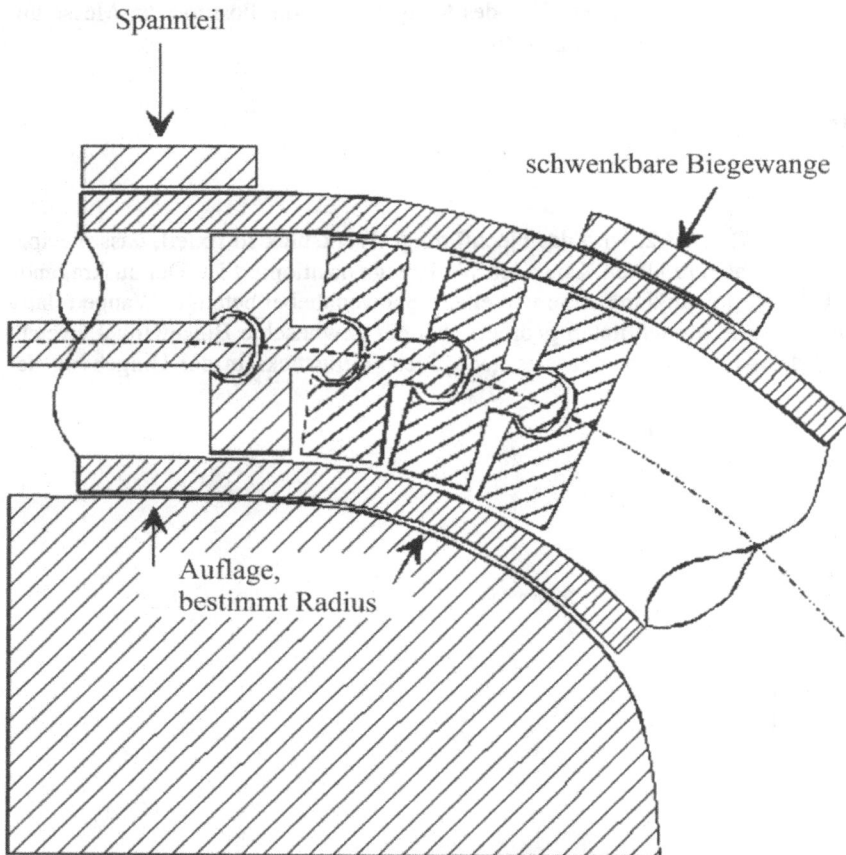

Abb.4.3.3. Rohrbiegen mit flexiblem Dorn

Annäherung der schon erwähnten Außenwand des Rohres zur Innenwand in Richtung zum Krümmungsmittelpunkt hin, womit das Rohr abgequetscht wird. Diese Radialkräfte kommen dadurch zustande, dass die Biegung erzeugenden Tangentialspannungen miteinander einen stumpfen Winkel, entsprechend dem jeweils schon hergestellten Biegewinkel einnehmen. Dies kann man dadurch vermeiden, dass man beispielsweise einen flexiblen Dorn vor dem Biegen in das Rohr einführt, so dass die volle Länge der gebogenen Sektion des Werkstücks damit ausgefüllt wird. Dieser Dorn besteht aus einzelnen kurzen Segmenten, deren Querschnitt gleich dem inneren Querschnitt des Rohres ist und die miteinander durch Gelenke so verbunden sind, dass sie gegeneinander verkippt werden können, womit insgesamt der flexible Dorn kreisförmig verbogen werden kann.

c) Laserunterstütztes Biegen
Bei diesem Verfahren, das an der TU Wien entwickelt wurde, wird das Werkstück entweder vor oder während des Biegevorgangs entlang der späteren Biegekante in einer schmalen Zone auf eine Temperatur erwärmt, die etwa bei Stahl unterhalb des Transformationspunktes bleibt, womit dann das Material erweicht wird, d.h. die Fließpannung verringert und die Bruchdehnung erhöht wird. Damit kann einerseits die für das Biegen nötige Kraft infolge der Verringerung der Fließpannung verringert werden und andererseits der Krümmungsradius der Biegung, der die Dehnung der Außenfaser bestimmt, verkleinert werden, weil eine stärkere Dehnung der Außenfaser durch die erwärmungsbedingte Vergrößerung der Bruchdehnung möglich ist.

Die Erwärmung des Werkstücks mit dem Laser kann dadurch erfolgen, dass der mehr oder minder stark fokussierte Laserstrahl entlang der späteren Biegekante hin und her bewegt wird, wobei mit einer Laserleistung von einigen kW die Erwärmung auf einige hundert °C bei einer Fokusgröße von etwa 1mm und einer entsprechenden Spurbreite bei Stahl eine Zeit von wenigen 10 Sekunden in Anspruch nimmt, vgl. [18].

d) Profilwalzen
Blechförmige Werkstücke können auch durch Walzen gebogen werden, wobei dann die untere Walze in einer Schnittebene, die durch ihre Achse geht, ein Profil aufweist, das dem Oberwerkzeug beim Gesenkbiegen entspricht (Abb. 4.3.4.), und die obere Walze ein Profil mit schwalbenschwanz-ähnlicher Form aufweist, das dem Unterwerkzeug beim Gesenkbiegen entspricht. Wird ein zunächst ebenes Blech in dieses Walzenpaar eingezogen und durchtransportiert, so muss es die Gestalt des Zwischenraums zwischen Ober- und Unterwalze annehmen und damit gebogen werden, wie Abb. 4.3.4. zeigt. Selbstverständlich können die Walzen auch nebeneinander verschiedene Profilsegmente aufweisen und damit in ein Band nebeneinander verschiedene Büge einwalzen. Weiter können auch kreis- oder rechteckförmige Profile gewalzt werden. Üblicherweise werden dann auch mehrere Walzgerüste, die jeweils zwei Walzen enthalten, durchlaufen, womit durch aufeinander folgende Deformation auch komplizierte Profile bis hin zu annähernd geschlossenen Hohlkörpern realisiert werden können. Dabei können praktisch endlose Bänder verarbeitet werden und damit auch entsprechende Profile erzeugt werden. Neben dem Strangpressen (siehe Abschnitt 4.5.) stellt das Profilwalzen eine der wichtigsten Möglichkeiten zur Herstellung endloser Profile, etwa für die Fenster- und Türenindustrie, und für unzählige andere Anwendungen im Bau- und Einrichtungswesen dar.

d) Profilwalzen

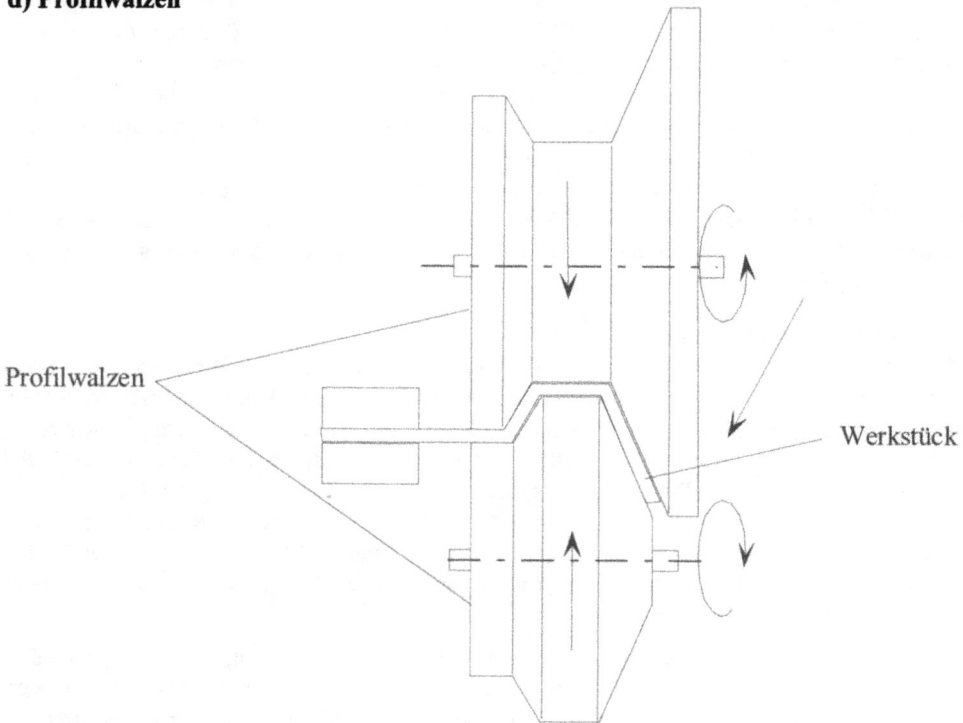

Abb. 4.3.4.: Prinzip des Profilwalzens

e) Einrollen

Bei diesem, dem Biegen im Allgemeinen und dem Profilwalzen im Besonderen verwandten Verfahren werden zwei mit verschiedenen Geschwindigkeit laufende Walzen dazu verwendet, aus einem ebenen Blech einen Zylinder oder den Teil eines Zylinders zu biegen. Dabei läuft die an der Innenseite der herzustellenden Krümmung liegende Walze langsamer als die an ihrer Außenseite liegende Walze, womit das Material in der Außenfaser gleichmäßig gedehnt und in der Innenfaser gestaucht wird, so dass schließlich eine kreisförmige Krümmung erzielt wird. Mit diesem Verfahren können vor allem zylindrische Teile hergestellt werden, wobei zunächst ein vollständiger Zylinder gewalzt wird und dann die beiden aneinander stoßenden Enden verschweißt werden.

4.3.3   Berechnung von Biegekraft, Rückfederung und minimalem Biegeradius

a) Biegekraft

Abb. 4.3.5. zeigt den Querschnitt durch ein schon gebogenes Werkstück, wobei dessen Rand wie oben erwähnt im Bereich der Biegekante Innen- und Außenfaser als kreisförmig und im übrigen Teil des Werkstücks als geradlinig angenommen wurden, wobei der Biegeradius der

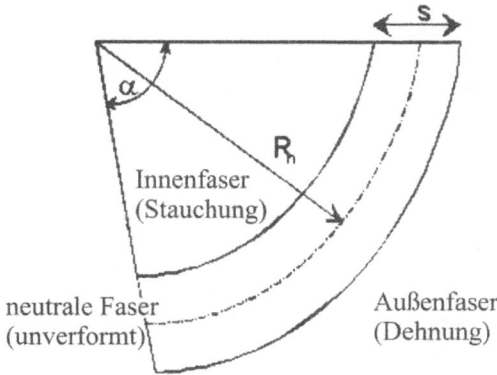

Abb. 4.3.5.: Querschnitt durch ein gebogenes Werkstück

neutralen Faser, die ihre Länge bei der Umformung nicht geändert hat, R_n ist, der Biegewinkel mit α bezeichnet wird und die Werkstückdicke s ist.

Für die Dehnung ε_a der Außenfaser erhält man bei Betrachtung der Abb. 4.3.5. sofort

$$\varepsilon_a = \frac{s}{2R_n} \tag{97}$$

Daraus ergibt sich der Umformgrad φ zu

$$\varphi = \ln\left(1 + \varepsilon_a\right) \approx \frac{s}{2R_n} \quad \text{bei} \quad \varepsilon_a \ll 1 \tag{98}$$

Die Fließspannung, die wegen der Kaltverfestigung gemäß Abschnitt 4.1. mit dem Umformgrad ansteigt, beträgt dann

$$k_f = k_f\left(\frac{s}{2R_n}\right) \tag{99}$$

Da nun die Innenfaser gestaucht wird, die neutrale Faser unverändert bleibt und die Außenfaser gedehnt wird, kann man in erster Näherung annehmen, dass die das Biegen bewirkende Spannung über die Dicke des Werkstücks linear verläuft, also in der Innenfaser einen maximalen negativen Wert (Druck) aufweist, im Bereich der neutralen Faser, die als in der Mitte der Werkstückdicke angenommen wird, Null ist und in der Außenfaser einen maximalen positiven Wert (Zug) aufweist. Vereinfachend soll nun angenommen werden, dass im Bereich zwischen neutraler Faser und Außenfaser eine konstante mittlere Spannung wirkt, die beim Biegen gleich der oben berechneten Fließspannung sein muss. Nimmt man an, dass die Fließspannung für Zug und Druck gleich groß ist, so muss im Bereich zwischen Innenfaser und neutraler Faser eine mittlere negative Spannung einwirken, die gleich der negativen

Fließspannung ist, womit insgesamt durch Multiplikation mit der Querschnittsfläche des Werkstücks (l gleich Länge der Biegekante) unter der Annahme, dass die Zug- und Druckkräfte in der Mitte zwischen neutraler Faser und Innen- bzw. Außenfaser angreifen, das „Biegemoment" berechnet werden kann:

$$M_{\mathrm{B}} = k_{\mathrm{f}} \left(\frac{s}{2R_{\mathrm{n}}} \right) \frac{s^2 l}{4} \tag{100}$$

Dieses Biegemoment muss ein von außen eingeprägtes Moment aufbringen. Jenes kommt durch die auf das obere Werkzeug wirkende Kraft F und die Reaktionskräfte an den beiden Innenkanten des Untergesenks, die jeweils $F/2$ betragen, zustande.

Mit der Gesenkweite w ergibt sich also für die Pressenkraft F:

$$F = k_{\mathrm{f}} \left(\frac{s}{2R_{\mathrm{n}}} \right) \frac{s^2 l}{2w} \tag{101}$$

Diese Gleichung zeigt, dass die zum Biegen notwendige Kraft einerseits vor allem vom Umformgrad, also der Dicke des Werkstücks und dem Kehrwert des Biegeradius abhängt. Darüber hinaus steigt die Pressenkraft noch einmal mit dem Quadrat der Werkstückdicke, so dass sich insgesamt ein sehr dramatischer Einfluss dieser Größe ergibt und dicke Werkstücke um kleine Biegeradien nur schwer gebogen werden können, was auch der praktischen Erfahrung entspricht. Ein Beispiel zeigt, dass man beim Biegen von 4 mm dickem Stahl mit einer Biegekantenlänge von 1000 mm unter der Annahme einer durch Kaltverfestigung erhöhten Fließspannung von 500 N/mm^2 (Baustahl) eine Pressenkraft von 20 t benötigt.

b) Rückfederung
Gemäß Kapitel 4.1 geht der plastischen Deformation, die mit dem Erreichen der Fließspannung k_{f} einsetzt, stets eine elastische Deformation voraus, wobei die elastische Dehnung ε durch das Hook'sche Gesetz mit der Elastizitätskonstante E beschrieben wird. Die maximale elastische Dehnung beim Erreichen der Fließspannung und dem Übergang zur plastischen Deformation beträgt

$$\varepsilon_{\mathrm{f}} = \frac{k_{\mathrm{f}}}{E} \tag{102}$$

Die während der plastischen Deformation erzielte Dehnung ε_{a} (Außenfaser) setzt sich also aus der maximalen elastischen Dehnung ε_{f} und der rein plastischen Dehnung ε_{l} zusammen:

$$\varepsilon_{\mathrm{a}} = \varepsilon_{\mathrm{f}} + \varepsilon_{\mathrm{l}} \tag{103}$$

Wird nun das Werkstück nach dem Ende des Umformvorganges aus den Werkzeugen entnommen, so wirken keine Kräfte mehr ein und die elastische Deformation ε_{f} bildet sich zurück, so dass dann nur mehr die rein plastische Deformation, etwa im Bereich der Außenfaser, ε_l zurückbleibt.

Gemäß Gleichung (97), die den Zusammenhang zwischen der Dehnung der Außenfaser und dem Radius der neutralen Faser angibt, muss sich dann dieser Radius zu $R_{n l}$ vergrößern:

$$R_{n l} = \frac{s}{2(\varepsilon_a - \varepsilon_f)} \qquad (104)$$

Wegen der Längenkonstanz der neutralen Faser (α Zentriwinkel der neutralen Faser)

$$R_n \alpha = R_{n l} \cdot \alpha_l \qquad (105)$$

muss sich nun aber bei einer Änderung des Biegeradius von R_n zu $R_{n l}$ auch der Biegewinkel, der unmittelbar nach dem Biegevorgang α war, durch die Entspannung des Werkstücks nach dem Wegfall der Kräfte zu einem kleineren Winkel α_l verändern:

$$\alpha_l = \alpha \frac{R_n}{R_{n l}} = R_n \cdot \alpha \cdot \frac{2(\varepsilon_a - \varepsilon_f)}{s} \qquad (106)$$

Mit Gleichung (97) erhält man dann für den durch „Rückfederung" verkleinerten Biegewinkel:

$$\alpha_l = \alpha \left(1 - \frac{2R_n}{s} \varepsilon_f \right) \qquad (107)$$

Durch Einsetzen von Gleichung (97) in Gleichung (104) erhält man schließlich den durch Rückfederung vergrößerten Biegeradius $R_{n l}$:

$$R_{n l} = \frac{R_n}{1 - \varepsilon_f \cdot \frac{2R_n}{s}} \qquad (108)$$

Nachdem die maximale elastische Dehnung ε_f viel kleiner als 1 ist, spielt die Rückfederung so lange keine Rolle, wie die Werkstückdicke nicht viel kleiner als der Biegeradius ist. Für Stahl mit einem Biegeradius von 20 mm und einer Werkstückdicke von 1 mm liefert Gleichung (107) mit der maximalen elastischen Dehnung $\varepsilon_f = 1/1000$ eine Rückfederung von 4%.

In der Praxis wird die Rückfederung aus für die meisten Materialien verfügbaren Nomogrammen, siehe Abb.4.3.6. entnommen.

$$K = \frac{\alpha_l}{\alpha}, \qquad r_{i2} = R_{n l} - \frac{s}{2}$$

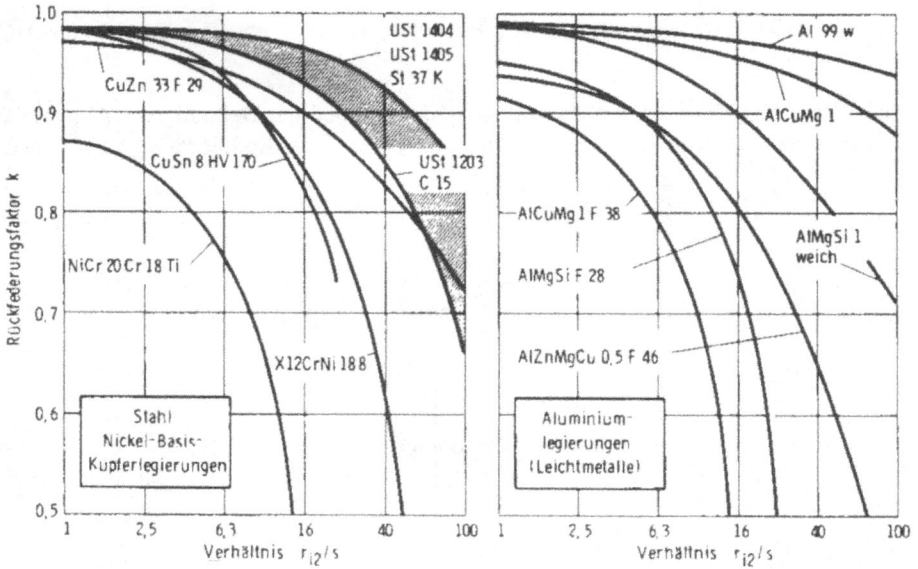

Abb. 4.3.6.: Rückfederung für Stahl und andere Materialien

c) Minimaler Biegeradius und Bruchkriterium

Gemäß Gleichung (97) steigt die Dehnung der Außenfaser mit sinkendem Biegeradius, so dass bei einem minimalen Biegeradius die Bruchdehnung A erreicht wird. Der mindestmögliche Biegeradius bei gegebener Werkstückdicke und Bruchdehnung beträgt dann:

$$R_{n\,min} = \frac{s}{2A} \qquad (109)$$

Für Baustahl mit einer Dicke von 5 mm und einer Bruchdehnung von $A = 25\%$ (20 °C) liefert diese Gleichung einen kleinsten Biegeradius von 10 mm. Dieser Radius kann beim laserunterstützten Biegen natürlich weiter verringert werden, da ja durch die Erwärmung mittels eines Lasers die Bruchdehnung A vergrößert wird, was es wie schon oben erwähnt ermöglicht, spröde Materialien wie etwa Titan oder Magnesium einwandfrei zu biegen.

4.3.4   Aufbau einer Biegepresse

Gemäß Abb. 4.3.7. besteht eine Biegepresse zunächst aus einem zentralen Maschinenrahmen in Rechteckform, wobei der Rahmen sehr massiv aufgebaut ist, um einerseits eine Verkippung seiner vertikalen Teile und eine Aufweitung des horizontalen Querbalkens zu verhindern. Am Maschinenrahmen sind dann zwei Hydraulikzylinder angebracht, die mit einem Öldruck im Bereich von 1000 bar und mehr angetrieben werden und Kraft auf den oberen

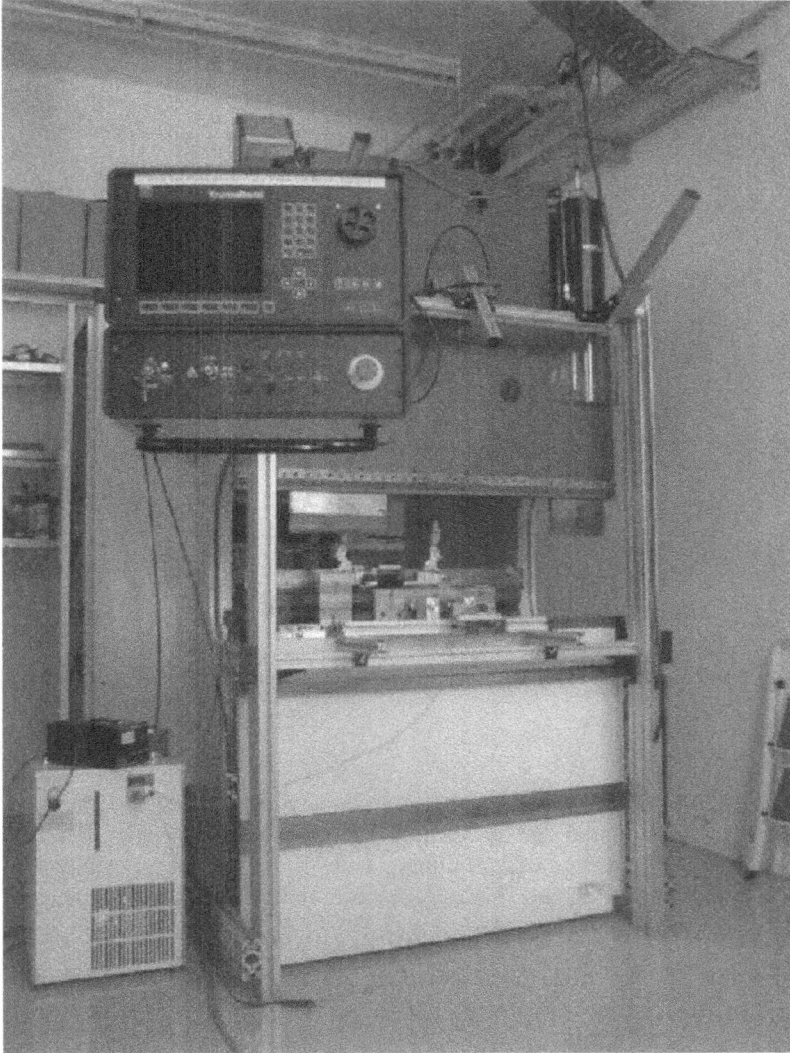

Abb. 4.3.7.: Biegepresse

Werkzeughalter im Ausmaß von 50 bis einigen Hundert Tonnen ausüben, wobei dieser dadurch nach unten bewegt werden kann (Abb. 4.3.8.).

Diesem oberen Werkzeugträger steht ein fix mit dem Maschinenrahmen verbundener unterer Werkzeugträger gegenüber. Der obere Werkzeugträger trägt das in Abschnitt 4.3.1. erwähnte Messer, das Oberwerkzeug, mit einem schlanken v-förmigen Querschnitt, während der untere Werkzeugträger das Unterwerkzeug, eine schwalbenschwanzförmige Matrize, trägt.

Zu diesem Hauptteil der Biegemaschine gehören noch Nebenaggregate, Steuerungs- und Sicherheitseinrichtungen.

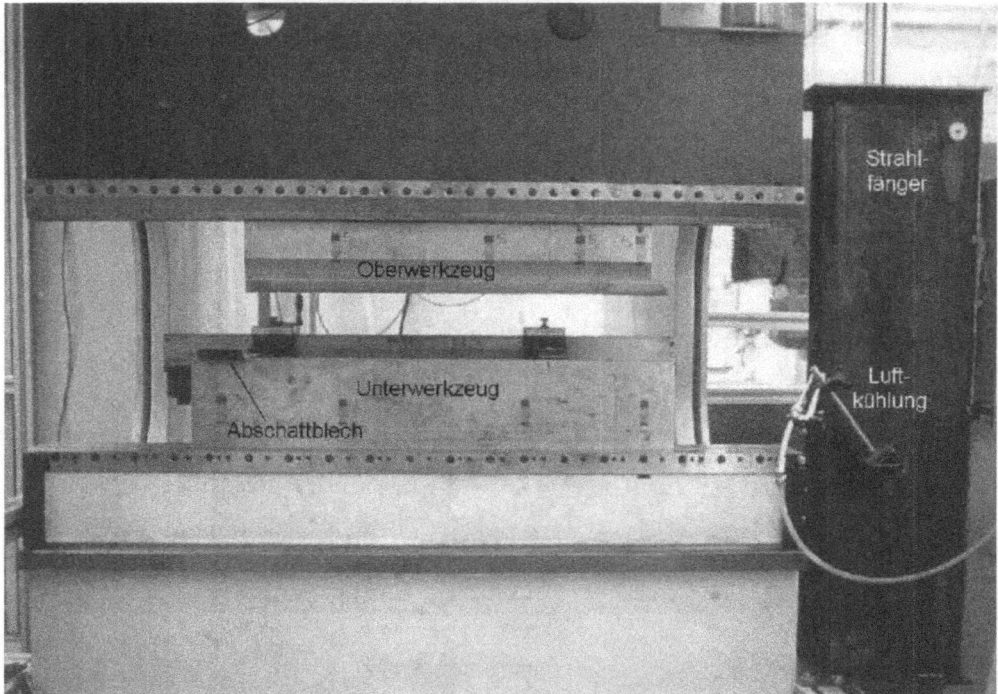

Abb. 4.3.8.: Werkzeuge einer Biegepresse

Nebenaggregate stellen natürlich die Hydraulikeinheit zur Erzeugung des schon erwähnten Öldrucks dar, sowie auch einen hinter den Werkzeugen angeordneten Anschlag für das Werkstück, das in vertikaler und horizontaler Richtung bewegt werden kann. Außerdem erlaubt es, die Lage der Biegekante an die Bauteilgeometrie anzupassen und aufeinander folgend parallele Biegekanten zu erzeugen.

Für die Steuerung der Anlage – und zwar sowohl der vertikalen Bewegung des Oberwerkzeugs wie der gerade erwähnten Bewegungen des Anschlags – wird eine CNC-Steuerung verwendet.

An Messeinrichtungen sind selbstverständlich Lineale für die Messung der Position des Oberwerkzeugs und des Anschlags sowie auch ein Sensor für den Biegewinkel vorhanden. Dieser besteht im einfachsten Fall aus zwei gegeneinander verdrehbaren Hebeln, die so an das gebogene Werkstück angedrückt werden, dass der von ihnen eingeschlossene Winkel gleich dem Biegewinkel ist und auf elektronischem Wege gemessen werden kann.

Besonders wichtig sind Sicherheitseinrichtungen wie insbesondere eine Lichtschranke, bei der der Lichtstrahl vor dem Biegewerkzeug von einer Seite des Maschinenrahmens, also parallel zur Biegekante, verläuft und bei seiner Unterbrechung die Maschinenbewegung stoppt, so dass verhindert wird, dass ein Körperteil des Bedienungspersonals zwischen die bewegten Werkzeuge gerät.

Die Biegewerkzeuge müssen beträchtliche Kräfte aufnehmen und werden daher aus massivem Stahl herausgearbeitet und anschließend gehärtet und sind daher recht teuer. Eine wesentlich billigere Lösung besteht darin, dass man Werkzeuge durch Aufeinanderstapeln von dünnen Blechstücken, deren Gestalt durch den Querschnitt des fertigen Biegewerkzeugs bestimmt wird, herstellt („laminated tools").

4.3.5   Anwendungen des Biegens

Generell können mittels Biegens aus metallischen Werkstoffen in Blechform mit einer Dicke bis zu einigen 10mm durch gerade Kanten begrenzte, teilweise offene oder ganz geschlossene Hohlkörper hergestellt werden. In diesem Fall kann durch konstruktive Gestaltung mit Zungen, die in Schlitze eingreifen, auch eine Verriegelung der Struktur durch Verdrehen der aus den Schlitzen hervorstehenden Nasen erreicht werden.

Ein Beispiel für ein derartiges Bauelement zeigt Abb. 4.3.9. Um ausschließlich mit Biegeprozessen ein solches Teil herstellen zu können, ist natürlich eine dem Herstellungsverfahren entsprechende sorgfältige Konstruktion erforderlich, darüber hinaus muss auch die Strategie der aufeinander folgenden Biegevorgänge umsichtig geplant werden. Solche Teile mit gera-

Abb. 4.3.9.: Beispiel für einen Biegeteil mit Verbindung durch „Zungen"

den Kanten finden unzählige Anwendungen, etwa beim Bau von Gehäusen oder Chassis, für hohle oder teilweise offene Holme und Profile, etwa für die Elektrotechnik, den Kfz-Bau und im Bauwesen.

Rohrbiegen wird zur Herstellung von Rohren mit einem komplizierten Krümmungsmuster verwendet, wofür es in der Automobiltechnik viele Anwendungen, wie etwa zur Treibstoff-zufuhr und für die Abgasabfuhr gibt. Oft werden diese zunächst in komplizierter Weise gekrümmten Rohre dann auch noch durch Innenhochdruckumformen (siehe Abschnitt 4.4.) in ihrer Querschnittsform geändert.

4.4 Tiefziehen

4.4.1 Mechanismus des Verfahrens

Tiefziehen ist laut DIN 8584 „das Zugdruckumformen eines Blechzuschnittes (je nach Werkstoff auch einer Folie oder Platte, eines Ausschnitts oder Abschnitts) zu einem Hohlkörper oder eines Hohlköpers zu einem Hohlkörper mit kleinerem Umfang ohne beabsichtigte Veränderung der Blechdicke."

Beispielsweise soll im Folgenden die Herstellung eines rotationssymmetrischen Napfes erläutert werden. Das hierfür notwendige Umformwerkzeug ist in Abbildung 4.4.1 dargestellt. Es besteht aus drei Teilen: dem Ziehring, dem Stempel und dem Niederhalter.

Die Form des herzustellenden Hohlkörpers wird von dem Ziehring und dem Stempel bestimmt. Der Niederhalter hat die Aufgabe Faltenbildung im Flanschbereich zu verhindern. Bei manchen Werkstückgeometrien kann auf einen Niederhalter verzichtet werden.

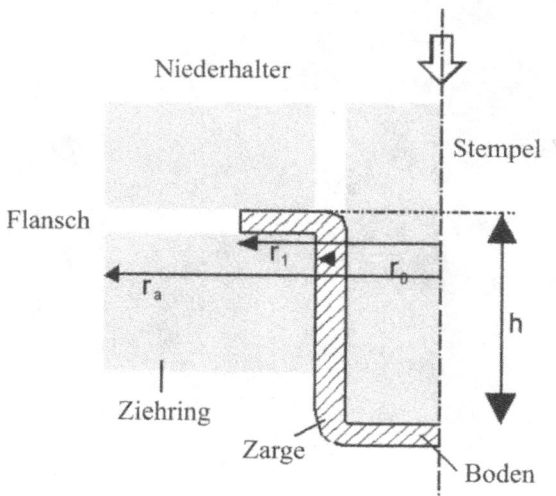

Abb. 4.4.1.: Tiefziehen

Zwischen dem Stempel und dem Ziehring ist der Ziehspalt. Dieser muss etwa das 1,4fache der Blechdicke betragen. In der Literatur [z.B.: Oehler, Kaiser, Schnitt-, Stanz- und Ziehwerkzeuge, Springer-Verlag] können auch andere Werte für den erforderlichen Ziehspalt in Abhängigkeit von der Blechdicke oder dem Material gefunden werden. Wird der Ziehspalt geringer als mit dem eben vorgeschlagenen Wert gewählt, so verringert sich die Blechdicke des fertigen Bauteils gegenüber der des Ausgangswerkstoffes. Laut der DIN-Definition handelt es sich hierbei nicht mehr um Tiefziehen – es kommt zu einer bleibenden gewollten Veränderung der Blechdicke –, sondern dieses Verfahren wird als Abstreckziehen bezeichnet. Der Vorteil ist, dass diese Bauteile im Allgemeinen eine größere Maßhaltigkeit gegenüber Tiefziehteilen aufweisen.

Der Vorgang des Tiefziehens: Der Blechzuschnitt, der gewöhnlich als Ronde bezeichnet wird, wird in das geöffnete Werkzeug zwischen Niederhalter und Ziehring eingelegt. Diese beiden Werkzeugteile, Ziehring und Niederhalter, werden nun mit einer gewählten Kraft, der Niederhalterkraft, während des gesamten Umformvorganges zusammengepresst. Der Stempel und die beiden Werkzeugteile bewegen sich zueinander. Sobald der Stempel die Ronde berührt, wird beginnend mit dem Boden das Bauteil ausgeformt. Die Abbildung 4.4.1 zeigt den Umformvorgang zu einem Zeitpunkt, wo schon der Boden und ein Teil der Seitenwand, die Zarge, ausgebildet ist. Die vom Stempel auf das Werkstück ausgeübte Kraft wird über den Bauteilboden in die Zarge und weiter in die Umformzonen eingeleitet. Einerseits muss die Ronde zweimal entlang der Ziehkante um 90° gebogen werden – das Material muss um die Ziehkante fließen –, andererseits muss der Durchmesser des verbleibenden Restflansches auf den Stempeldurchmesser reduziert werden. Bei dem gesamten Umformvorgang treten Reibungsverluste auf, die durch entsprechenden Schmiermitteleinsatz sowie geeignete Werkstoffwahl zwischen Werkzeug und Ronde verringert werden können.

In Abbildung 4.4.2 werden die auf ein Volumenelement im Bereich des Flansches wirkenden Kräfte betrachtet. Die Auswirkung der radialen Zugkraft soll an einem Volumenelement im Inneren des Flansches betrachtet werden. Dieses Volumenelement ist einerseits durch zwei

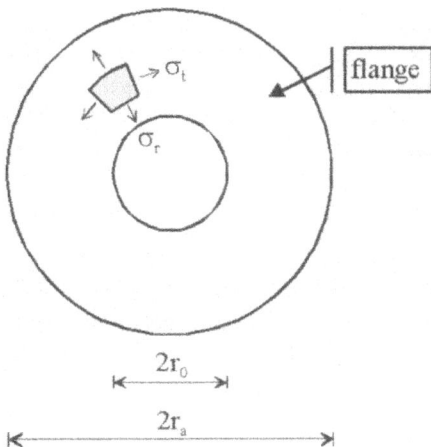

Abb. 4.4.2.: Kräftegleichgewicht im Flansch (engl.: flange)

radiale Strahlen, andererseits durch zwei konzentrische Kreise begrenzt. Am inneren Rand dieses Volumenelements wirkt die Zugkraft ein. Um Kräftegleichgewicht zu erreichen, müssen daher auf die radialen Ränder des Volumenelements Druckkräfte einwirken. Zerlegt man die Druckkräfte in einen radialen und einen tangentialen Anteil, so sind die radialen Komponenten den Zugkräften durch die Stempelkraft entgegengesetzt orientiert und gleich groß. Die Druckkräfte führen nun zu einer Stauchung des Volumenelements in tangentialer Richtung. Die Reduktion der tangentialen Ausdehnung führt aufgrund der Volumenkonstanz zu einer Dehnung in radialer Richtung. Das Volumen des Werkstoffs und die Masse des fertigen Bauteiles müssen mit dem der unverformten Ronde übereinstimmen. Der Durchmesser der Ronde wird durch den weiteren Werkstoffeinzug trotzdem kontinuierlich verringert. Die zuvor erklärten Druckkräfte, die parallel zur Oberfläche des Ziehrings und des Niederhalters verlaufen, bewirken, dass das Blech im Bereich des Restflansches zum Ausbeulen neigt. Über den Umfang betrachtet entstehen im Restflansch Falten, die sich auch beim Einziehen über die Ziehkante nicht „glätten" lassen. Das Blech mit den Falten kann nicht durch den Ziehspalt gezogen werden, die Zarge kann die Kräfte nicht übertragen und der Boden wird von der Zarge abgetrennt. Ist die Faltenbildung nicht so stark ausgeprägt – das Bauteil kann durchgezogen werden –, so finden sich die Falten auch auf der Zarge des fertigen Bauteiles wieder. Die Qualität des Bauteils ist dadurch beeinträchtigt. Um die Faltenbildung zu verhindern, wird der Flansch durch den Niederhalter (siehe Abb. 4.4.1.) auf die Oberfläche des Ziehrings gepresst. Die Kraft hierfür muss einerseits so groß sein, dass die Faltenbildung verhindert wird, und andererseits darf sie nicht so groß sein, dass das Werkstück eingeklemmt wird und daher etwa im Bereich des Bodens abreißt.

4.4.2   Verfahrensvarianten

a) Tiefziehen mit Wirkmedien – Flüssigkeiten
Eine Möglichkeit, beim Tiefziehen sowohl Stempel als auch Niederhalter durch ein einziges Werkzeug zu ersetzen, besteht darin, dass man zunächst das Ausgangsmaterial, ein ebenes Blech, auf eine Matrize legt und dann auf das Werkstück von der anderen Seite eine Flüssigkeit mit hohem Druck einwirken lässt. Die Flüssigkeit drückt das Werkstück vollkommen in die Matrize. Ein Aufplatzen des Werkstücks durch den hohen Wasserdruck am Boden kann durch einen Stempel verhindert werden, der die Matrize abschließt und während der Umformung sukzessive zurückgezogen wird. Die Ausdehnung des Werkstücks kann dadurch kontrolliert werden.

Ein diesem Verfahren sehr ähnliches ist das Innenhochdruckumformen. Da mit diesem Verfahren Bauteilgeometrien hergestellt werden können, die mit anderen Umformverfahren kaum erreichbar sind, wird es immer mehr in der Industrie eingesetzt.

b) Innenhochdruckumformen
Anhand von Abbildung 4.4.3 soll die Herstellung eines T-Stücks erklärt werden. Ein rohrförmiger Teil wird in ein aus zwei Schalen bestehendes Werkzeug eingelegt und dann mit

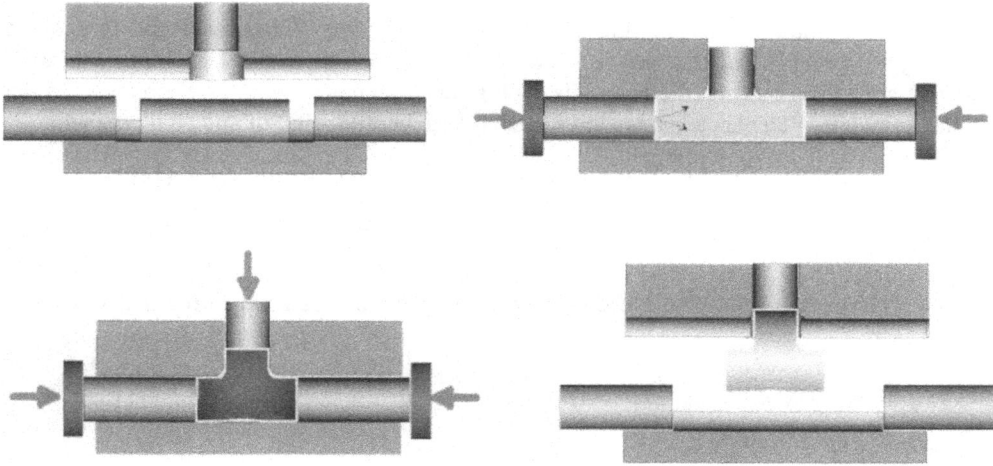

Abb. 4.4.3.: Innenhochdruckumformen

Wasser mit einem Druck von einigen tausend Bar gefüllt. Das Werkstück beginnt zu fließen und legt sich an die Innenform des Werkzeugs vollständig an. Im Allgemeinen wird das Werkstück gegenüber dem Rohling durch die Erweiterung seines Querschnitts oder durch das Ausblasen von Domen in Achsenrichtung verkürzt. Dieses Verhalten in axialer Richtung wird durch bewegliche Stempel auf beiden Seiten unterstützt. Das Material wird „nachgeschoben". Einer der beiden Stempel verschließt das Rohr wasserdicht, durch den zweiten Stempel erfolgt die Zufuhr des Wassers mit hohem Druck. Aufgrund der hohen verwendeten Wasserdrücke muss das Werkzeug druckfest und sehr massiv gestaltet werden.

4.4.3   Berechnung der Pressenkraft

Der Kraftbedarf beim Tiefziehen setzt sich aus den Kräften zusammen, die notwendig sind, um im Flansch radiale Dehnung und tangentiale Stauchung zu erzielen und um das Werkstück an der Ziehkante zweimal um 90° abzubiegen. Ein weiterer Kraftbedarf kommt durch die Reibung zwischen Werkstück, Niederhalter und Ziehring zustande. Diese Kräfte müssen über den Stempel eingeleitet werden.

Schließlich muss die Presse auch noch die Niederhalterkraft aufbringen, die größenordnungsmäßig bis zur Größe der Presskraft reichen kann. Sieht man von der Niederhalterkraft ab und nimmt man eine hervorragende Schmierung, also geringe Reibung an, so bleiben im Wesentlichen nur der Kraftbedarf zur Deformation des Flansches und zum Biegen über die Ziehkante:

Die erstere Kraft zur Deformation des Materials im Bereich des Flansches kann aus dem Kräftegleichgewicht eines Flächenelements (siehe Abb. 4.4.2) mit der Fließbedingung berechnet werden. Wie schon in Abschnitt 4.4.1. erwähnt, wird Rotationssymmetrie der Werkzeuge und damit auch des Werkstücks vorausgesetzt. Um Kräftegleichgewicht zu erzielen, muss die Summe aller Zugkräfte in radialer Richtung – und zwar die in radialer Richtung verlaufende Zugkraft am Außenrand, die in negativer radialer Richtung wirkende Zugkraft am Innenrand und die ebenfalls nach innen gerichteten radialen Komponenten der auf die Seiten des Flächenelements einwirkenden Druckkräfte – in Summe Null ergeben:

$$\sigma_r(r+dr)\cdot(r+dr)\,d\varphi - \sigma_r(r)\cdot r\cdot d\varphi - 2\cdot\sigma_t\cdot dr\sin(d\varphi/2) = 0 \qquad (110)$$

$$\sin d\varphi \approx d\varphi \; f = d\varphi$$

Aus Gl. (110) erhält man eine Differenzialgleichung für den radialen Verlauf der radialen Spannungen:

$$r\,\frac{d\sigma_r}{dr} + \sigma_r = \sigma_t \qquad (111)$$

Mit der Fließbedingung

$$\sigma_r - \sigma_t = k_f(\varphi) \qquad (112)$$

erhält man schließlich:

$$r\,\frac{d\sigma_r}{dr} + k_f(\varphi) = 0 \qquad (113)$$

Diese Gleichung ist nichtlinear, da sie die Fließspannung in Abhängigkeit vom Umformgrad enthält, der noch berechnet werden muss.

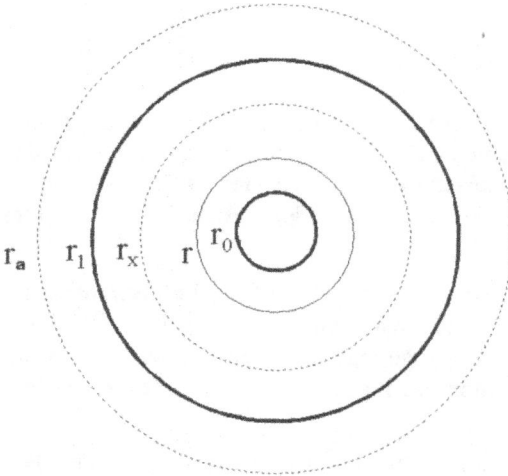

Abb. 4.4.4.: Transformation der diversen Radien im Flansch während des Tiefziehens (r_a Rondenradius, r_1 Außenradius des Flansches zu einem bestimmten Zeitpunkt während des Tiefziehens, r_0 Radius fertiger Teil, r beliebiger Radius am Flansch, r_x entsprechender Radius auf der Ronde).

Zu einem bestimmten Zeitpunkt während der Umformung, der durch den dann erreichten Durchmesser des Außenrands des Flansches r_1 festgelegt ist, und für einen bestimmten Radius r am Flansch zu diesem Zeitpunkt muss man zunächst den Radius r_x auf der unverformten Ronde, der dem betrachteten Radius r entspricht, berechnen, da das Verhältnis dieser beiden Radien den Umformgrad φ liefert. Zu diesem Zweck kann man davon ausgehen, dass sich der Radius des Außenrandes der unverformten Ronde r_a bis zum betrachteten Zeitpunkt t auf den momentanen Radius des Flansches r_1 verringert hat, was bedeutet, dass eine Masse proportional $r_a^2 - r_1^2$ durch den momentanen Umfang des Flansches r_1 geflossen sein muss. Genau dieselbe Masse muss aber bis zum Zeitpunkt t auch durch einen Kreis mit dem betrachteten Radius r, in Richtung zum Ziehspalt hin geflossen sein, wobei diese Masse natürlich $r_x^2 - r^2$ proportional sein muss. Die Gleichsetzung dieser beiden Massenströme ergibt:

$$r_a^2 - r_1^2 = r_x^2 - r^2 \tag{114}$$

Gleichung (114) liefert dann:

$$r_x = \sqrt{r_a^2 - r_1^2 + r^2} \tag{115}$$

Damit erhält man für den Umformgrad:

$$\varphi = \ln \frac{\sqrt{r_a^2 - r_1^2 + r^2}}{r} \tag{116}$$

Die Lösung der Differenzialgleichung (113) beruht darauf, dass am Außenrand des Flansches keine Kräfte einwirken, womit die Radialspannung dort gleich null sein muss. Durch schrittweise Integration vom Außenrand bis zur Ziehkante hin kann dann die radiale Zugspannung an der Innenkante berechnet werden, woraus sich mit dem Radius des fertigen Bauteils r_a des Ziehrings und der Werkstückdicke s, die für die Deformationen im Flansch nötige Kraft F berechnen lässt:

$$F = 2r_0 \cdot \pi \cdot s \cdot \sigma_r(r_0) \tag{117}$$

Als Zahlenbeispiel soll die Umformkraft für die Umformung im Bereich des Flansches von 2 mm dickem Chrom-Nickel-Stahl x5CrNi 1810 bei einem Rondendurchmesser von 100 mm und einem Durchmesser des fertigen Bauelements von 50 mm durch numerische Integration der Differenzialgleichung Gl. (113) berechnet werden. Die Ergebnisse zeigt Abb. 4.4.5.

Was die Berechnung der für das Biegen notwendigen Kräfte betrifft, so zeigt Abbildung 4.4.6. zunächst die im Bereich der Ziehkante, über die gebogen wird, auf das Werkstück einwirkenden Kräfte. Die Ziehkante selbst wird als viertelrundförmig mit einem Radius R_z angenommen. Weiter wird angenommen, dass die für das Biegen notwendige Kraft F_B einerseits im Bereich der Zarge in der Mitte des Werkstücks, der neutralen Faser, in vertikaler Richtung einwirkt. Im Bereich des Flansches wirkt diese Kraft in horizontaler Richtung ein und ist ebenfalls als auf die Mitte der Werkstückdicke konzentriert gedacht.

$$\{\sigma r(r_l), r_i = 0,08m, P_{abs} = 0,5,10,15\,kW\}$$

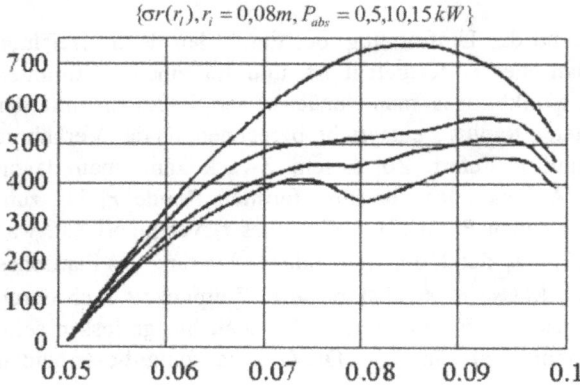

Abb. 4.4.5.: Zugspannung für die Umformung des Flansches während des Ziehvorganges: Abszisse Außendurchmesser des Flansches während des Ziehens, Ordinate Spannung am Ziehring, N/mm², oberste Kurve ohne Erwärmung, untere drei Kurven mit selektiver Lasererwärmung des Flansches beim Radius r_i

Der vertikal wirkenden Biegekraft im Bereich der Zarge wirkt eine nach oben gerichtete Reaktionskraft, die die Oberfläche des Ziehrings auf das Werkstück ausübt, entgegen, so dass sich ein Kräftemoment M_1 ergibt, dessen Größe gemäß Abb. 4.4.6. durch den Biegeradius R_z plus der halben Werkstückdicke s bestimmt wird:

$$M_1 = F_B\left(R_z + \frac{s}{2}\right) \tag{118}$$

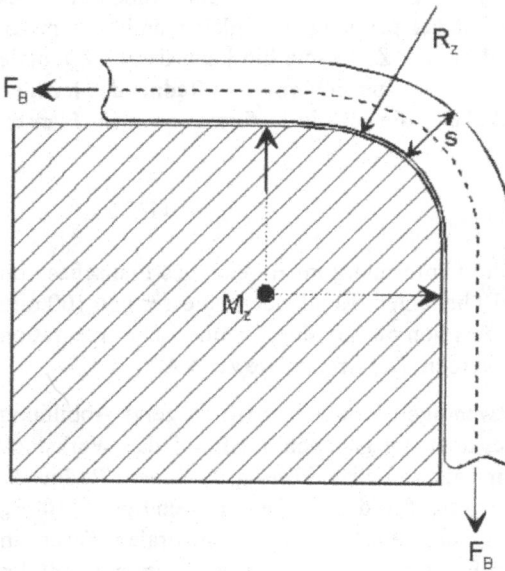

Abb. 4.4.6.: Biegen über die Ziehkante.

In ähnlicher Weise erzeugt auch die im Flansch in horizontaler Richtung wirkende Biege-kraft eine Reaktionskraft und ein Kräftemoment:

$$M_2 = F_B \left(R_z + \frac{s}{2} \right) \tag{119}$$

Durch Addition der beiden Momente Gl. (118) und Gl. (119) kommt ein resultierendes Moment zustande, das gleich dem für die Biegung notwendigen Biegemoment M_B sein muss. Letzteres wird in Kapitel 4.3 angegeben, womit man durch Gleichsetzen der von außen einwirkenden Momente und des Biegemoments folgende Gleichung für die Biegekraft erhält ($2\pi d$ Länge der Biegekante = Umfang der Ziehkante):

$$F_B = \frac{1}{R_z + \frac{s}{2}} \cdot k_f(\varphi) \cdot \frac{s^2}{4} \cdot (2 \cdot \pi \cdot d) \tag{120}$$

In dieser Gleichung hängt die Fließspannung natürlich wieder von der Kaltverfestigung ab, die das Material bei der Umformung im Bereich des Flansches vor Erreichen der Ziehkante erlitten hat.

Der Umformgrad φ_F wird an der Ziehkante bestimmt, weil er sich gemäß Gl. (116) während des Umformvorganges ändert.

$$\varphi_F(r_0) = \ln \frac{\sqrt{r_a^2 - r_1^2 + r_0^2}}{r_0} \tag{121}$$

Zu dieser Kaltverfestigung durch die Deformation im Flansch, beschrieben durch den Umformgrad φ_F, kommt noch die Kaltverfestigung während des Biegens, die durch den Umformgrad φ_B entsprechend Abschnitt 4.3. beschrieben wird, hinzu:

$$\varphi_B = \frac{s}{2 \left(R_z + \frac{s}{2} \right)} \tag{122}$$

Um die gesamte Kaltverfestigung sowohl durch die Umformung im Flansch wie auch durch das Biegen um die Ziehkante zu beschreiben, wird vereinfacht angenommen, dass die beiden Umformgrade φ_F und φ_B addiert werden können, womit dann die Fließspannung bestimmt werden kann:

$$\varphi_{ges} = \varphi_F + \varphi_B \tag{123}$$

Mit obigem Beispiel und $R_z = 1$ mm erhält man mit der maximalen, bei der Deformation des Flansches auftretenden Fließspannung $F_B = 70$ kN – was deutlich unter der für die Flansch-deformation nötigen Kraft bleibt.

4.4.4   Aufbau einer Tiefziehpresse

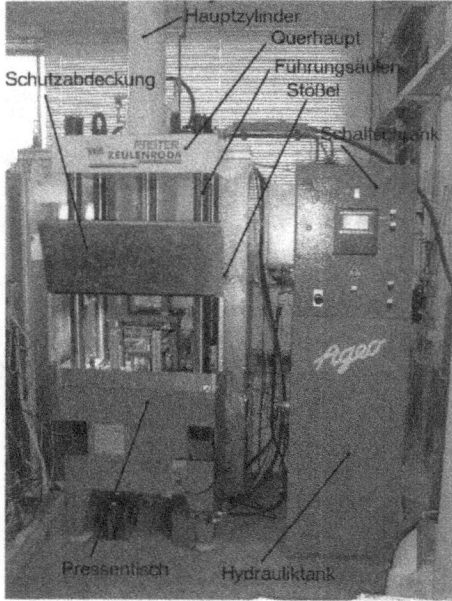

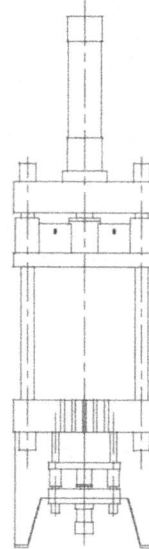

Abb. 4.4.7.: Hydraulische Tiefziehpresse

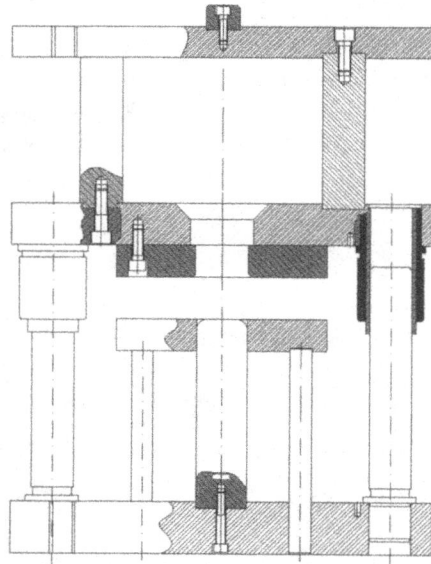

Abb.4.4.8.: Innenansicht Tiefziehpresse

Abb. 4.4.7. zeigt den Aufbau einer kleineren Tiefziehpresse mit einer Pressenkraft von etwa 600 kN. Die Maschine besteht aus dem Pressentisch, in den vier Führungssäulen montiert sind. Am anderen Ende der Führungssäulen ist das Querhaupt befestigt, das den hydraulischen Hauptzylinder trägt. Der Hauptzylinder verschiebt auf den Führungssäulen den Stößel der Presse. Der maximale Betriebsdruck dieser Presse beträgt 350 bar. Auf dem Stößel ist der Ziehring befestigt. Der Stempel (Abb. 4.4.8) des Werkzeuges ist auf dem Pressentisch montiert. Das Werkzeug selbst wird durch zwei Führungssäulen miteinander zentriert. Unter dem Pressentisch befindet sich ein weiterer Hydraulikzylinder, der dazu dient den Niederhalter zu bewegen.

Eine derartige Tiefziehpresse wird insbesondere als so genannte „Werkzeugprobierpresse" verwendet. Sie dient bei der Werkzeugherstellung dazu das Werkzeug zu testen sowie für die Herstellung von Nullserien. Ähnlich wie bei der in Kap. 4.3. besprochenen Biegepresse sind auch hier Nebenaggregate, Steuerungs- und Sicherheitseinrichtungen vorhanden.

Für die Serienproduktion, in der viele Züge rasch aufeinander folgen, wird statt eines hydraulischen Antriebs in der Regel ein Antrieb der Werkzeuge durch einen kontinuierlich drehenden Exzenter, der aus der Rotation eine Auf- und Abbewegung des Stößels macht, verwendet. Die Werkzeuge für das Tiefziehen bestehen aus Werkzeugstahl und müssen gehärtet werden. Ihre Herstellung ist sehr kostenintensiv.

Das maximale Ziehverhältnis β, das ist der Umfang der unverformten Ronde zum Umfang des fertigen topfförmigen Werkstücks, ist durch das Erreichen eines zu hohen Umformgrads, bei dem es zum Bruch kommt, nach oben begrenzt und beträgt bei Stahl etwa 2. Um auch größere Ziehverhältnisse herstellen zu können, wird der gesamte Ziehvorgang in Einzelzüge aufgeteilt, wobei allenfalls nach jedem Zug ein Abbau der Kaltverfestigung durch Glühen stattfindet.

Wie schon bei den theoretischen Überlegungen erwähnt, spielt eine gute Schmierung (etwa mit Petroleum) beim Tiefziehvorgang eine besonders wichtige Rolle, dennoch können bei falsch eingestellten Stempel- bzw. Niederhalte-Kräften „Ziehfehler" auftreten, die in der Folge kurz erläutert werden.

4.4.5   Tiefziehfehler

a) Bodenreißer
Bodenreißer treten vor allem dann auf, wenn die Stempelkraft im Verhältnis zum oben berechneten Wert zu hoch gewählt oder wenn der Niederhalter zu stark angepresst wird.

b) Faltenbildung
Wie bereits in Abschnitt 4.4.1 ausführlich behandelt, kann es als Folge von tangentialen Druckspannungen im Flansch zur Bildung von Falten kommen.

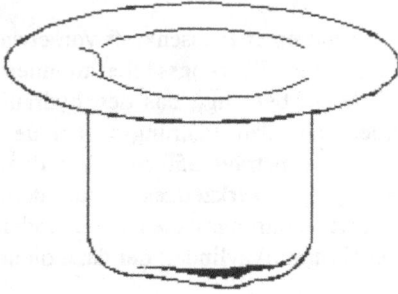

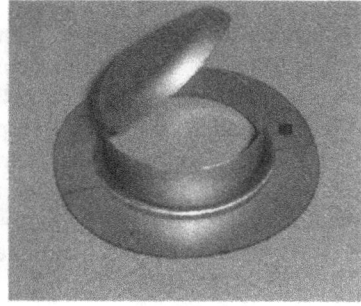

Abb. 4.4.9.: Bodenreißer

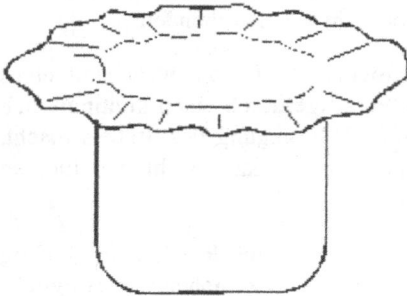

Abb. 4.4.10.: Faltenbildung

c) Zipfelbildung

Dieser Fehler entsteht vor allem durch die beim Herstellen auftretende Anisotropie der Bleche. Zum Tiefziehen verwendete Bleche sind praktisch nur in einer Richtung umgeformt,
weshalb auch die Gleitebenen der Kristallite nur in einer Richtung orientiert sind. Aus diesem Grund sind die mechanischen Eigenschaften richtungsabhängig. Eine theoretische Lösung wäre in mehreren Richtungen gewalztes Blech, was aber extrem teuer ist.

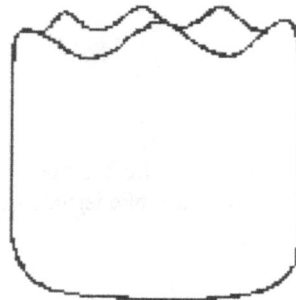

Abb. 4.4.11.: Zipfelbildung

Für das Tiefziehen geeignete Materialien müssen relativ weich sein, weshalb vor allem bestimmte Stahlsorten (niedriggeglühte Stähle, Chrom-Nickel-Stähle etc.), Aluminium und Kupfer in Frage kommen. Für das Tiefziehen typische Materialien sind beispielsweise: Unlegierte Stähle (St12, ...), Ferritische (X6Cr17, ...) und Austenitische (X5CrNi1810, ...) Chrom-Nickel-Stähle, Kupfer und Kupferlegierungen (CuZn 28 F27, ...) sowie Aluminium und Aluminiumlegierungen (Al 99,5 W7, ...).

Hochfeste und spröde Materialien, etwa Magnesium und Titan, lassen sich nicht ohne Bruch ziehen, dennoch bietet die Anwendung des laserunterstützten Tiefziehens ähnlich wie beim laserunterstützten Biegen die Möglichkeit, auch spröde und brüchige Materialien einwandfrei zu ziehen, wobei darüber hinaus auch die nötigen Kräfte zur Durchführung des Ziehvorgangs verringert werden können. (siehe auch Abb. 4.4.5.)

4.4.6   Anwendungen des Tiefziehens

Prinzipiell eignet sich das Tiefziehen zur Herstellung von dreidimensional geformten Teilen aus ursprünglich ebenen Blechen oder durch Weiterverarbeitung von bereits durch Tiefziehen hergestellten Bauteilen mit Napfform, also mit einem zylindrischen Mantel und einem ebenen Boden und ähnlichen Geometrien, die zumindest einen geschlossenen Mantel, der keineswegs nur zylindrischer Natur sein muss, enthalten. Typische Beispiele sind oben offene Behälter für den Haushalt, z.B. Kochtöpfe, in der Automobilindustrie Druckluftbehälter etc.

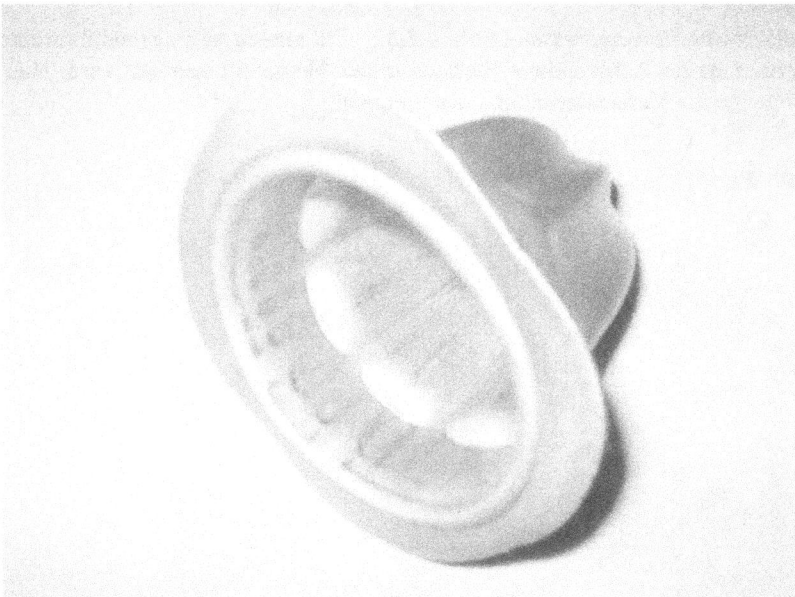

Abb. 4.4.12.: Ein typischer Tiefziehteil

4.5   Strangpressen

4.5.1   Arbeitsweise

Strangpressen ist das Durchdrücken eines **aufgeheizten** Blockes mit Hilfe eines Stempels durch eine formgebende Matrize kleineren Querschnitts. Durch den hohen Druck und erleichtert durch die hohe Temperatur beginnt der Werkstoff zu fließen und bildet ein Voll- oder Hohlprofil.

4.5.2   Verfahrensvarianten

Das *Vorwärts-Strangpressen* wird als *direktes* Strangpressen bezeichnet, da der Stempel den Presswerkstoff direkt durch den Rezipienten presst. Das Verfahren kann weiter in *Voll-Vorwärts-* (Abb. 4.5.1.) und *Hohl-Vorwärts*-Strangpressen (Abb. 4.5.2.) unterteilt werden.

Das Hohl-Vorwärts-Strangpressen nach Abb. 4.5.2. ermöglicht dabei die Herstellung von Hohlprofilen, wobei die Form der Ausnehmung im erzeugten Profil durch einen *Lochdorn* bestimmt wird. Dieser Dorn wird durch eine Bohrung in der Pressscheibe bis in den Bereich der Matrize durchgeschoben und dort vom Werkstoff umflossen.

Das Hauptmerkmal des direkten Pressens ist, dass die Bewegungsrichtung des Stempels und des erzeugten Profils identisch sind. Es treten relativ große Verluste durch Reibung auf. Es ist aber trotzdem das am häufigsten angewandte Verfahren, da auch komplizierte Profile rasch und einfach hergestellt werden können.

Das *Voll-Rückwärts-Strangpressen* (Abb. 4.5.3.) wird analog zu oben als indirektes Verfahren bezeichnet, da der hohlgebohrte Stempel in den Werkstoff gepresst wird. Hier fließt der Werkstoff gegen die Vorschubrichtung des Stempels.

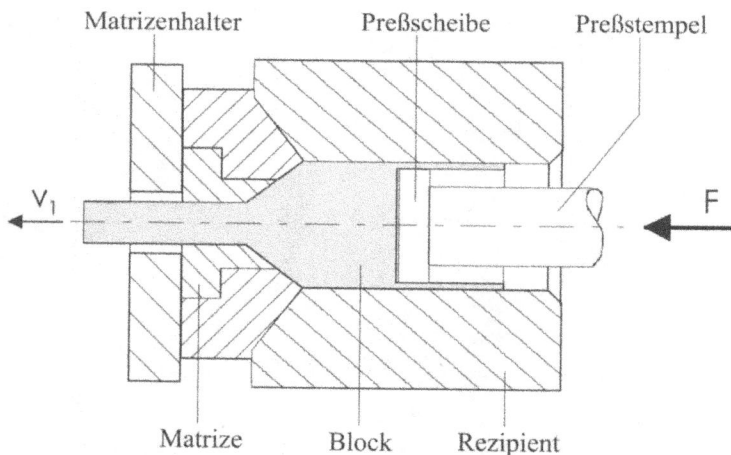

Abb. 4.5.1.: Voll-Vorwärts-Strangpressen

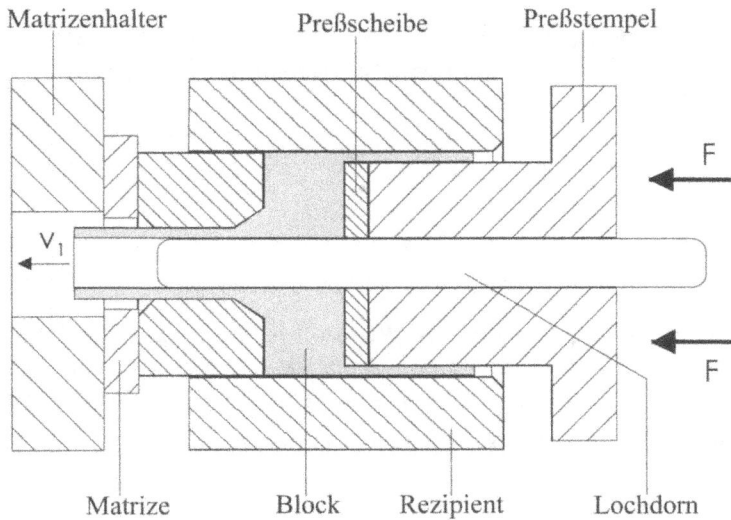

Abb. 4.5.2.: Hohl-Vorwärts-Strangpressen

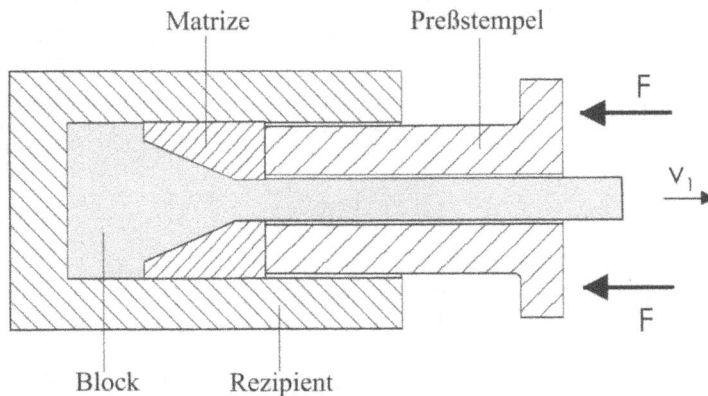

Abb. 4.5.3.: Voll-Rückwärts-Strangpressen

Beim *hydrostatischen Pressen* wird der Werkstoff mit Hilfe einer unter Druck stehenden Flüssigkeit durch die Matrize gedrückt.

4.5.3   Berechnung des Kraftbedarfes für das Strangpressen

Der gesamte Kraftbedarf beim Strangpressen F_{SP} besteht aus der tatsächlich benötigten Umformkraft F_{tats}, die sich nach Abschnitt 4.1. als Quotient aus der ideellen Umformkraft F_{id} und dem Umformwirkungsgrad η_f errechnet, und der Reibkraft F'_R, die durch die Reibung des Blockes am Blockaufnehmer (Rezipient) entsteht (diese Reibkraft F'_R tritt vor der eigentlichen Umformung auf und wird deshalb nicht über η_f berücksichtigt).

Mit der maximal an der Wand des Rezipienten wirkenden Druckspannung k_{f0} erhält man mit der Reibzahl μ, dem Blockdurchmesser d_0, der Querschnittsfläche A_0 und seiner Länge l_0:

$$F_R' = \pi d_0 l_0 \mu k_{f0} \tag{124}$$

$$F_{SP} = F_{tats} + F_R' = A_0 \frac{k_{fm}}{\eta_f} \varphi_1 + \pi d_0 l_0 \mu k_{f0} \tag{125}$$

Diese Gleichungen sollen durch das folgende Zahlenbeispiel illustriert werden:

Voll-Vorwärts-Strangpressen eines Aluminium-Profils, Werkstoff AlMg₃, Werkstoffkennda-ten siehe Abb. 4.5.4, Kaltumformung und Warmumformung bei 480°, Umformwirkungsgrad $\eta_F = 0{,}4$, Umformgeschwindigkeit $\dot{\varphi} = 4\ s^{-1}$, Reibbeiwert $\mu = 0{,}1$, Querschnittsfläche des Profils $A_1 = 16000\ mm^2$, Stablänge $l_1 = 1\ m$, Blockdurchmesser $d_0 = 200\ mm$.

Gesucht: Blocklänge l_0, Gesamtkraft F

Die Konstanz des Volumens ergibt sofort die Blocklänge $l_0 = 510\ mm$. Das Verhältnis der Werkstückquerschnittsflächen vor und nach der Umformung liefert den Umformgrad $\varphi_1 = 0.67$. Die Fließkurven (Abb. 4.5.4.) liefern sofort für Raumtemperatur $k_{f0,\ 20\ °C} = 160\ N/mm^2$, $k_{f1,\ 20\ °C} = 290\ N/mm^2 \rightarrow k_{fm,\ 20\ °C} = 225\ N/mm^2$ sowie für Warmumformung bei 480° $k_{f0,\ 480\ °C} \approx k_{f1,\ 480\ °C} \approx k_{fm,\ 480\ °C} = 90\ N/mm^2$. Damit erhält man aus Gl. (125) die Gesamtkraft für Kaltumformung $F_{SP,\ 20\ °C} = 17\ MN = 1.700\ t$ und für Warmumformung $F_{SP,\ 480\ °C} = 7{,}6\ MN = 760\ t$.

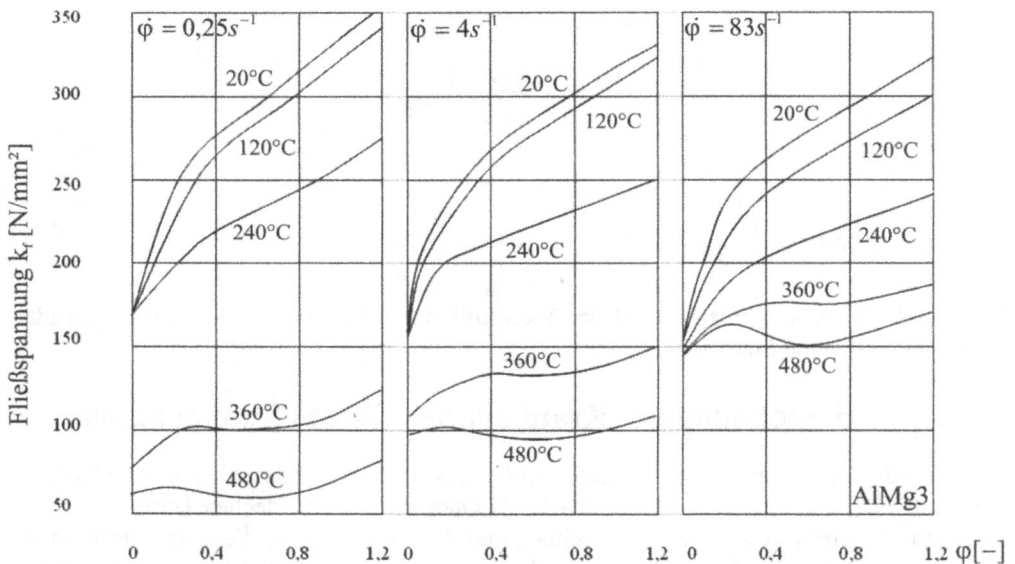

Abb. 4.5.4.: Fließkurven von AlMg₃

4.5.4   Vorrichtungen, Arbeitsablauf

Die formgebende Matrize (Abb. 4.5.1–3) ist der wichtigste Teil einer Strangpresse. Sie wird durch den Matrizenhalter am Presszylinder zentriert und fixiert. Die Presskraft wird mittels eines Stempels, der wiederum auf eine Pressscheibe drückt, aufgebracht.

Abb. 4.5.5 zeigt eine Strangpresse für Vorwärts- oder direktes Strangpressen.

Werkstoffe zum Strangpressen

Werkstoffe zum Strangpressen sind vor allem Aluminium und seine Legierungen sowie Kupfer, Blei und andere Materialien (Tab. 4.2.). Erst in der jüngsten Zeit ist es auch gelungen, Stahl strangzupressen. Die Werkstoffe werden so weit erhitzt, bis die Fließspannung deutlich sinkt. Die Verarbeitungstemperatur von Aluminium-Legierungen beträgt rund 400 °C, von Stahl ca. 900 °C (deutlich über dem Bereich der Blausprödigkeit).

Beim Strangpressen von Stahl gemäß dem Ugine-Ségurnet-Verfahren verwendet man bestimmte Glasverbindungen als Schmiermittel. Dabei wird zunächst Glas in pulverförmiger Form auf die Matrize und den zu verformenden Stahlblock aufgetragen. Das pulverisierte Glas schmilzt dann während des Prozesses und wirkt einerseits als Schmiermittel, andererseits schützt es Matrize und Stempel vor zu starker Erwärmung, verhindert ein zu rasches Auskühlen der Oberfläche des Werkstücks und damit Schrumpfungsrisse. Mit diesem Verfahren können Profile ab einem Durchmesser von 20 mm und einer Wanddicke von 3,5 mm erzeugt werden. Kleinere Abmessungen sind derzeit nicht möglich, da die Werkzeugbelastung zu hoch wäre.

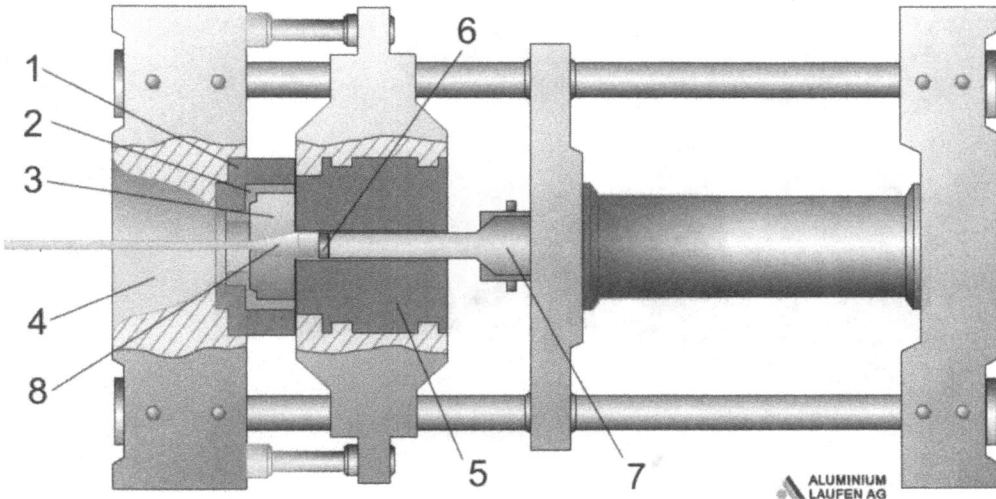

Abb. 4.5.5.: Schema Strangpresse (Alu Laufen AG). 1 Werkzeug-Halter, 2 Werkzeugunterstützung, 3 Werkzeug/ Matrize, 4 Pressmund, 5 Rezipient/Container, 6 Pressscheibe, 7 Pressstempel, 8 Material

Blocktemperatur ⟶

Preßwerkstoff	200	400	600	800	1000	°C
Pb-, Sn-Leg.						
Zn-Leg.						
Mg-Leg.						
Al-Leg.						
Messing						
Kupfer						
CuNi-Leg.						
Stahl						

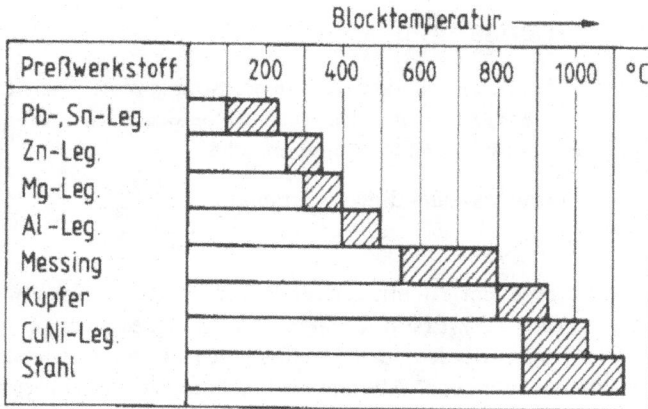

Tab. 4.2.: Verarbeitungstemperaturen möglicher Presswerkstoffe

4.5.5   Anwendungen

Die Länge des erzeugten Profils hängt vom Blockvolumen und vom Profilquerschnitt
ab. Profillängen von bis zu 20 m sind ohne weiteres erzeugbar. Es können auch spezielle
Hohlprofile (Abb. 4.5.6) hergestellt werden, was beim Walzen oder Schmieden nicht möglich ist.

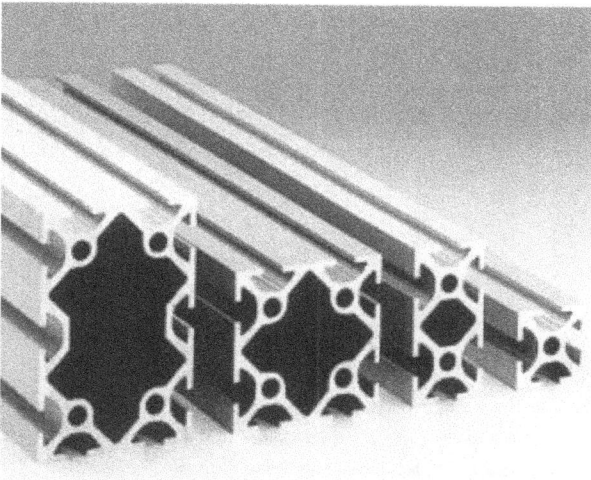

Abb.4.5.6: Aluminiumstrangpressprofile

Auch bei geringen Losgrößen ergeben sich bei relativ niedrigen Werkzeugkosten genaue Abmessungen der Profile, die beinahe beliebige Konturen aufweisen können.

4.6   Freiformen-Schmieden

4.6.1   Arbeitsweise

Das Schmieden ist Druckumformen massiver Teile mit gegeneinander bewegten Werkzeugen (*Ober-* und *Unterwerkzeug*), wobei durch Aufheizung auf eine Temperatur oberhalb des Rekristallisationspunktes (Schmiedehitze) des Werkstoffs die sehr hohen zum Fließen nötigen Kräfte reduziert werden. Die Werkzeuge weisen eine einfache Geometrie (Ebene, Zylinderfläche) auf bzw. enthalten die Form des Werkstückes nur teilweise. Die Umformenergie wird durch die beim wiederholten Aufschlagen des Oberwerkzeuges und seines Trägers („Bär", siehe Abb. 4.6.1.) freiwerdende kinetische Energie aufgebracht.

4.6.2   Verfahrensvarianten

a) Recken
Das Recken ist eine schrittweise partielle Querschnittsverminderung bei gleichzeitiger Verlängerung des Werkstückes.

Beim Recken (Strecken) wird das Werkstück schrittweise umgeformt, d.h. bei jedem Pressenhub wird nur ein kleiner Bereich des Werkstückes bearbeitet und das Werkstück wird zwischen den Hüben weitergeschoben. Die Erzeugenden der Satteloberfläche kreuzen die

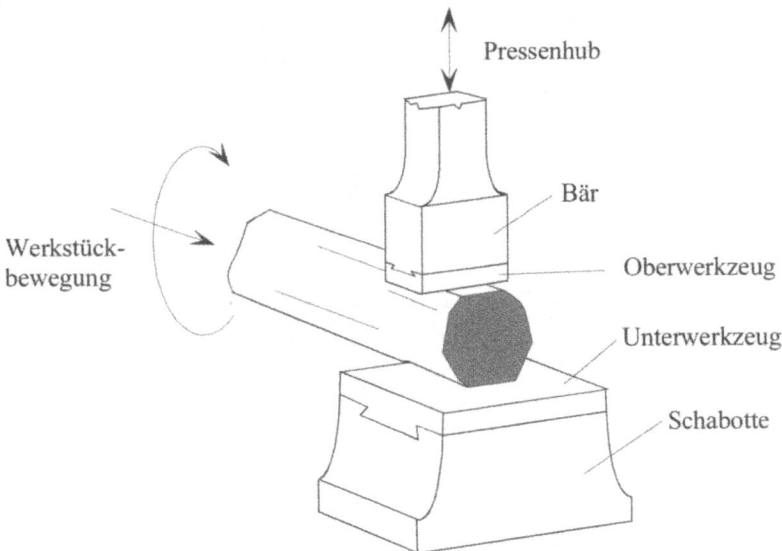

Abb. 4.6.1.: Freiformen

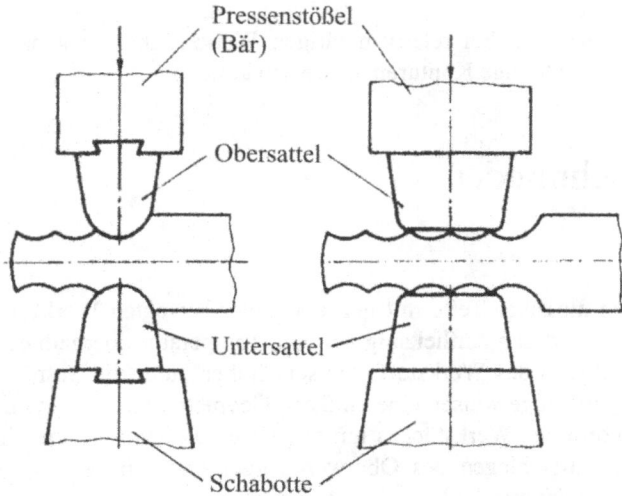

Abb. 4.6.2.: Recken (links) und Schlichtrecken (Glätten, rechts)

Werkstücklängsachse im rechten Winkel, das Material wird deshalb hauptsächlich in Richtung der Werkstücklängsachse verdrängt (Abb. 4.6.2.), allerdings lässt sich eine geringe (meist unerwünschte) Breitung nicht vermeiden. Diese wird zurückgeschmiedet, indem das Werkstück nach jedem Arbeitshub um 90° gedreht wird. Bei geeigneter Werkstückmanipulation und verschiedenen Sattelkombinationen lassen sich auch komplizierte Teile herstellen, für die wegen zu geringer Stückzahl ein Gesenk unwirtschaftlich wäre.

Dickwandige Rohre werden über einem Dorn gereckt, d.h. ihre Wanddicke wird zugunsten einer Verlängerung verringert (Abb. 4.6.3.).

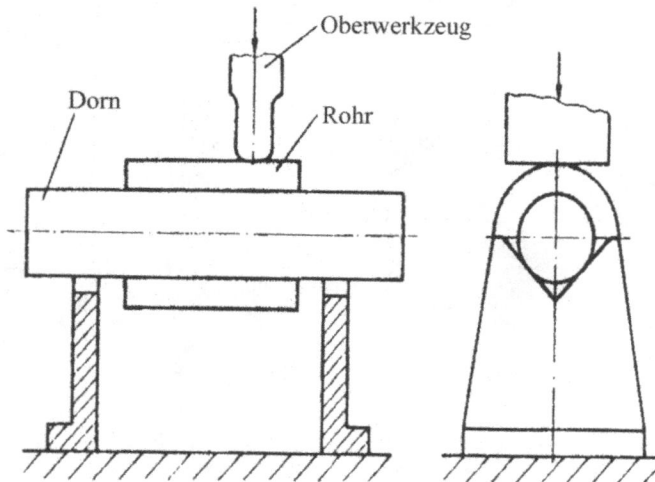

Abb. 4.6.3.: Recken eines Rohres über einem Dorn

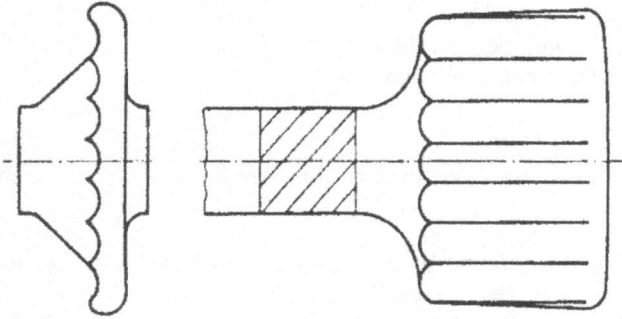

Abb. 4.6.4.: Breiten eines Vierkantquerschnittes

Das Recken wird (vor allem bei sehr großen Werkstücken) auch zur Verbesserung der Materialeigenschaften des Rohteiles benutzt. Der im Stahlwerk gegossene Block hat ein ungleichmäßig grobes Gussgefüge sowie Poren. Um diese zu schließen und ein gleichmäßiges Knetgefüge zu erhalten, muss der Block durchgeschmiedet werden, d.h. es muss ein Reckverhältnis $R = A_0/A_1 = 2 ... 3$, bei hochlegierten Stählen bis $R = 4$, erreicht werden. Sollte der Rohblockdurchmesser dafür zu klein sein, muss ein Stauchvorgang zwischengeschaltet werden.

Durch Recken hergestellte Werkstücke zeigen bei Beanspruchung ein günstiges Werkstoffverhalten, da der Faserverlauf erhalten bleibt.

b) Breiten
Breiten ist eine schrittweise partielle Querschnittsverminderung bei gleichzeitiger Verbreiterung des Werkstückes. Das Breiten ist damit dem Recken ähnlich, allerdings sind die Erzeugenden der Satteloberfläche parallel zur Werkstücklängsachse, und das Material wird deshalb hauptsächlich quer zur Werkstücklängsachse verdrängt (Abb. 4.6.4.).

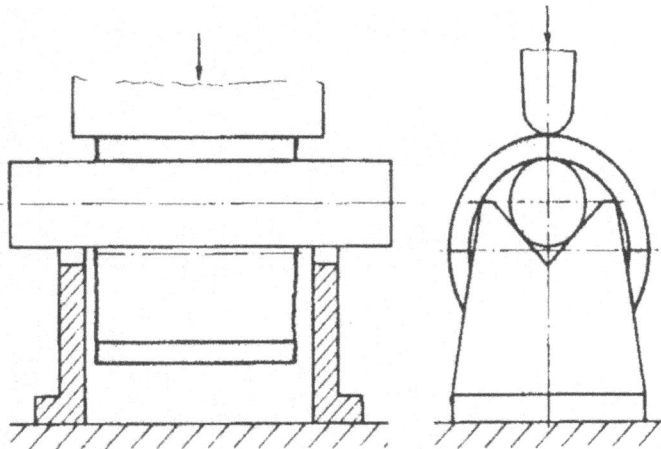

Abb. 4.6.5.: Aufweiten eines Rohres (Breiten über einem Dorn)

Bei dickwandigen Rohren über einem Dorn bewirkt diese Art des Freiformens eine Vergrößerung des Umfanges und damit des Durchmessers (Abb. 4.6.5.).

c) Stauchen

Das Stauchen stellt eine Höhenabnahme des Werkstückes auf dem gesamten Querschnitt
dar.

Beim Stauchen nach Abb. 4.6.6. wird der gesamte Werkstückquerschnitt gleichzeitig umgeformt und dabei in seiner Höhe reduziert. Beim *Anstauchen* wird nur ein Teil der Werk-
stückhöhe dieser Verformung unterzogen. Die Umformkraft wirkt in Richtung der Werkstücklängsachse. Da die Werkstofffasern beim Stauchen auseinandergeschoben werden,
ergibt sich keine Verbesserung der Werkstoffeigenschaften. Dies kann nur in Verbindung
mit dem Recken erreicht werden.

Gegenüber dem Recken werden beim Stauchen wesentlich größere Höhenänderungen erreicht. Die entsprechenden Kenngrößen dafür sind der Stauchgrad

$$\varphi = \ln \frac{A_1}{A_0} = 2 \ln \frac{d_1}{d_0} = \ln \frac{h_0}{h_1} \qquad (126)$$

und das *freie Stauchverhältnis* (h_0 freie Länge, d_0 Anfangsdurchmesser)

$$S = \frac{h_0}{d_0} \qquad (127)$$

Das Anstauchen wird vor allem bei der Fertigung von Massenteilen wie Schrauben, Nieten
etc. angewendet. Dabei wird gerichteter Draht bzw. Stangenmaterial als Ausgangswerkstoff
verwendet.

Um ein Ausknicken des Werkstückes zu verhindern, ist das Stauchverhältnis je nach Verfahren nach oben hin begrenzt.

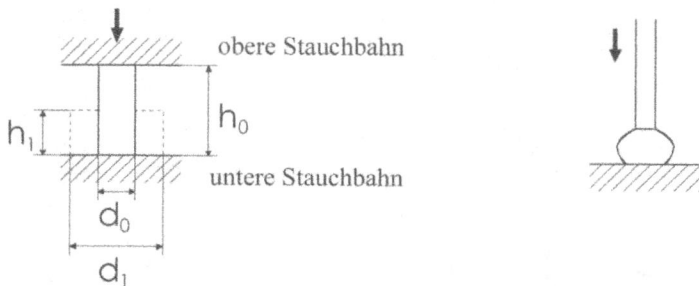

Abb. 4.6.6.: Stauchen zwischen planparallelen Bahnen (links) und Anstauchen (rechts)

4.6.3   Berechnung des Stauchens

Für das reibungsfreie Stauchen ($\eta_f = 1$) zwischen planparallelen Platten mit den Auflageflächen A_1 durch direkte Krafteinwirkung gilt gemäß Gl. (125): $F = A_1 \cdot k_{fm}$.

Berücksichtigt man explizit die Reibung an den Auflageflächen, so gilt für den mittleren Formänderungswiderstand (siehe 4.1):

$$k_{wm} = k_{fm}\left(1 + \frac{1}{3}\mu\frac{d_m}{h_m}\right) = \frac{k_{fm}}{\eta_f} \tag{128}$$

Die Umformarbeit ist ebenfalls nach 4.1 gegeben durch:

$$W = V k_{fm}\varphi_{max} . \tag{129}$$

Wird ein Schmiedehammer eingesetzt, so muss diese Umformenergie aus der kinetischen Energie des Hammerbären kommen. Diese hängt von seiner Masse m_B, seiner Auftreffgeschwindigkeit v_B und damit seiner Fallhöhe H ab:

$$W_{kin} = \frac{1}{2} \cdot m_B \cdot v_B^2 = m_B \cdot g \cdot H \tag{130}$$

Diese Energie, multipliziert mit einem Schlagwirkungsgrad η_s (<1) muss gleich der Umformenergie W sein:

$$W = W_{kin}\eta_s \tag{131}$$

Den Zusammenhang zwischen Umformgeschwindigkeit $\dot{\varphi}$ beim Auftreffen des Hammers und der Auftreffgeschwindigkeit $v_B = -\dot{h}(h_0)$ erhält man durch Ableitung des Umformgrades $\varphi = \ln(h_0/h)$ nach der Zeit:

$$\left.\frac{d\varphi}{dt}\right|_{h_0} = \dot{\varphi}|_{h_0} = \frac{h}{h_0}\left(-\frac{h_0}{h^2}\right)\left.\frac{dh}{dt}\right|_{h_0} = \frac{1}{h_0}v_B \Rightarrow v_B = \left.\frac{d\varphi}{dt}\right|_{h_0} h_0 \tag{132}$$

Zur Illustration dieser Überlegungen soll ein Zahlenbeispiel herangezogen werden:

Ein zylindrischer Stahlteil soll mit einem Schmiedehammer in einem Schlag gestaucht werden.

Geg.: Der Werkstoff ist ein Stahl C15 (Fließkurven siehe Abb. 4.6.7.), die Verarbeitungstemperatur ist $T = 1100\,°C$, die Maße des Rohlings sind $h_0 = 150$ mm, $d_0 = 100$ mm, die gestauchte Höhe ist $h_1 = 90$ mm, die Reibzahl ist $\mu = 0,3$, die Umformgeschwindigkeit ist $\dot{\varphi}_{max} = 60\,s^{-1}$ und der Schlagwirkungsgrad $\eta_s = 0,8$.

Berechnet werden sollen das Stauchverhältnis h_0/d_0, die Umformarbeit W, die Auftreffgeschwindigkeit v_B des Hammerbären und dessen Masse m_B sowie die erforderliche Fallhöhe H.

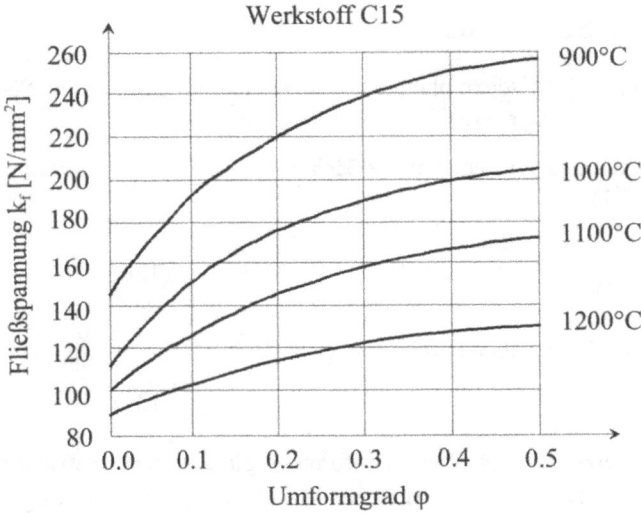

Abb. 4.6.7.: Fließkurven für C15

Man erhält für das Stauchverhältnis nach Gl. (127) $S = 1,5$ das umgeformte Volumen $V = 1,18 \times 10^6$ mm^3, den Umformgrad $\varphi_1 = 0,51$ und den Enddurchmesser $d_1 = 129,1$ mm. Die aus Abb. 4.6.7 entnommenen Fließspannungen sind: $k_{f0,\,1100\,°C} = 100$ Nmm^{-2} und $k_{f1,\,1100\,°C} = 172$ Nmm^{-2}, woraus nach Gl. (128) der mittlere Umformwiderstand $k_{wm} = 149$ Nmm^{-2} berechnet wird. Die Umformarbeit beträgt nach Gl. (129) $W = 89,5$ kJ, woraus sich mit dem gegebenen Schlagwirkungsgrad die erforderliche kinetische Energie von 111,9 kJ ergibt. Gl. (132) liefert mit der bekannten maximalen Umformgeschwindigkeit die Auftreffgeschwindigkeit des Hammerbären $v_B = 9$ ms^{-1} und Gl. (130) liefert die Bärmasse $m_B = 2760$ kg (aus der kinetischen Energie) und schließlich die erforderliche Fallhöhe $H = 4,1$ m.

4.6.4   Vorrichtung und Arbeitsablauf

Der Schmiedehammer bzw. die Schmiedepresse für das industrielle Freiformen besteht aus der *Schabotte*, auf der das Unterwerkzeug *(Untersattel)* angebracht ist, und einem Pressenstössel *(Bär)*, auf dem das Oberwerkzeug *(Obersattel)* befestigt ist (Abb. 4.6.1.). Je nach verwendetem Werkzeug (Abb. 4.6.8.) können block-, stangen- oder rohrförmige Werkstücke gereckt (gestreckt), gestaucht, gebreitet, gelocht oder abgeschrotet (geteilt) werden.

Die Erwärmung großer Werkstücke auf Schmiedetemperatur muss sehr langsam erfolgen (bis 650 °C etwa 30 °C pro Stunde), um Risse durch den Aufbau von Wärmespannungen zu vermeiden. Nach erfolgter Bearbeitung muss das Werkstück je nach Masse und Werkstoff entsprechend sorgfältig abgekühlt werden (an Luft, unter Hauben). Unter Umständen müssen die Schmiedestücke im Ofen abgekühlt werden *(kontrolliertes Abheizen)*. Eine große Schmiedepresse zeigt Abb. 4.6.9.

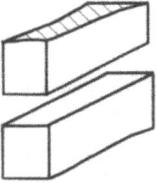

Flachsattel-Flachsattel   **Rundsattel-Rundsattel**   **Ballsattel-Dorn**

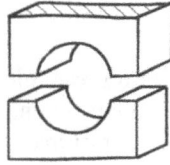

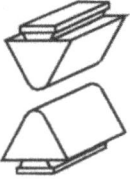

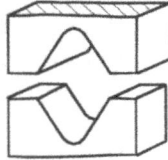

Ballsattel-Ballsattel   **Spitzsattel-Spitzsattel**

Abb. 4.6.8.: Verschiedene Formen bzw. Kombinationen von Ober- und Unterwerkzeugen

Abb.4.6.9.: Schmiedepresse

4.6.5   Anwendungen

Typische Werkstücke, die mit dem Freiformschmieden hergestellt werden, sind vor allem Teile für den Großmaschinenbau, wie Kurbelwellen, Pleuelstangen etc. Die Abgrenzung zum Gesenkformen ergibt sich durch die Werkstückmasse (bis ca. 500 t) und vor allem durch die Stückzahl (Einzelstücke).

5   Literaturverzeichnis

[1]   W.J. Duffin, Electricity and Magnetism, 4th ed., McGraw Hill, 1990

[2]   Bergmann, Schäfer, Lehrbuch der Experimentalphysik, Band III: Optik, 10. Auflage, de Gruyter, 2004

[3]   Kleen, Müller, Laser, Springer Verlag, 1969

[4]   Finklenburg, Einführung in die Atomphysik, Springer Verlag, 1964

[5]   S. Flügge, Handbuch der Physik, Band 22: Gasentladungen II, Springer Verlag, 1956

[6]   J.D.C. Cobine, Gaseous Conductors, Dover Publications, 1958

[7]   E.P. Guitrau, The EDM Handbook, Hanser Gardner Publications, 1997

[8]   J. Ruge, Handbuch der Schweißtechnik, Band II: Verfahren und Fertigung, 3. Auflage, Springer Verlag, 1993

[9]   N. Hodgson, H. Weber, Optische Resonatoren, Springer Verlag, 1992

[10] H. Hügel, Strahlwerkzeug Laser, Teubner Verlag, 1992

[11] H.S. Carslaw, J.C. Jaeger, Conduction of Heat in Solids, 2nd Ed., Oxford Science Publications, 1988

[12] P. Loosen, G. Herziger, Werkstoffbearbeitung mit Laserstrahlung, Hanser Verlag, 1993

[13] W.M. Steen, Laser material processing, Springer Verlag, 1991

[14] D. Schuöcker, Laser Cutting, Industrial Laser Annual Handbook, Ed: D. Belforte, M. Levitt, Pennwell (1986), pp. 87–107

[15] D. Schuöcker, A. Kaplan, Overview over Modelling for Laser Applications, Proc. SPIE Vol. 2207, Vienna, 1994

[16] K. Lange (Hg.), Umformtechnik: Handbuch für Industrie und Wissenschaft, Band 1–4, Springer Verlag, 1984

[17] Schuler GmbH (Hg.), Handbuch der Umformtechnik, Springer Verlag, 1996

[18] D. Schuöcker, Laser assisted forming – a valuable extension of the limits of metal shaping, Int. Conf. Laser Assisted Net Shape Engineering 4, Proceedings of the LANE 2004, Erlangen, 21–24. September 2004, pp. 21–35

www.ingramcontent.com/pod-product-compliance
Lightning Source LLC
Chambersburg PA
CBHW081108220326
41598CB00038B/7269